Britische Schalldämpferwaffen 1939–1945

Entwicklung, Technik, Wirkung

Wolfgang Michel

Meiner Frau Christine

Bibliografische Information der Deutschen Nationalbibliothek:
Die Deutsche Nationalbibliothek verzeichnet diese Publikation in der Deutschen Nationalbibliografie; detaillierte bibliografische Daten sind im Internet über http://dnb.d-nb.de abrufbar.

Britische Schalldämpferwaffen 1939–1945
1. Auflage, korrigierter Nachdruck 2009
ISBN: 978-3-8370-2149-3

Herstellung und Verlag: Books on Demand GmbH, Norderstedt

Inhalt

Vorwort

Während des Zweiten Weltkriegs produzierte Großbritannien eine auffallend große Anzahl schallgedämpfter Schusswaffen. Dabei weicht nicht nur die Menge der unterschiedlichen, neu entwickelten Typen von der Fertigung anderer Länder im gleichen Zeitraum ab. Auch die Stückzahlen, die von einzelnen Modellen hergestellt und an kämpfendes Personal ausgegeben wurden, sind ein nur auf der Insel zu findendes Phänomen.

Dabei griffen die britischen Entwickler zunächst auf die im Land auf dem zivilen Markt erhältlichen Schalldämpfer zurück. Als dann jedoch im weiteren Kriegsverlauf, bedingt durch die alliierte Kriegstaktik, der Bedarf an effektiveren Schalldämpferwaffen immer weiter wuchs, wurden in Großbritannien auch neue Schalldämpferkonzepte entwickelt. Welche Innovationskraft hinter diesen Projekten steckt, zeigt sich unter anderem daran, dass nun nicht mehr Waffen aus Serienproduktion umgebaut, sondern zum Teil Waffensysteme komplett neu entwickelt wurden. Dabei erzielten die britischen Ingenieure Dämpfungsleistungen, die sich mit Modellen aus heutiger Produktion durchaus messen können.

Das vorliegende Buch untersucht anhand von erhaltenen Originalstücken die unterschiedlichen Konzepte von schallgedämpften Handfeuerwaffen, die in Großbritannien während der Zeit des Zweiten Weltkriegs zur Serienreife gelangt sind. Es vergleicht die technischen Details im Einzelnen und zeigt auf, inwiefern die Waffen aufgrund ihrer Konstruktion einsatztauglich waren.

Mein besonderer Dank gilt Paul Cornish (Imperial War Museum London, Großbritannien), Richard Jones (National Firearms Center Leeds, Großbritannien), John Blaney (REME-Museum Arborfield, Großbritannien), Alan David (Sydney, Australien).

2. SMALL ARMS & OTHER WEAPONS.

In Production:

Guns, Sten, Silenced, Mk. II
Guns, Welrod, Mk. IIA, 132
Guns, Sleeve.
Silent 9 mm. Welrod.
M1 silenced carbine (with C.S.A.R.)

Developed but not produced:

Welgun.
Small calibre machine carbine.
Special .22 magazine (2/1)
Machine pistol Type I Mk. II.
Silent 9 mm. Machine Gun.
Silent 9 mm. Luger Pistol.
Silent Short Range Projector (Welhit).
~~Silent 9 mm. Welrod.~~
Gas Gun.
Welpen (.22 fountain pen pistol).
Verey light fired from Spigot Pistol.
Silent killer (Spring Gun).

Issued for Ad Hoc Operations:

Welsilencer (silent .22 pistol).
Blowpipe.

Abb. 1: Aus den Akten des britischen Geheimdienstes SOE: Zusammenstellung der entwickelten Handfeuerwaffen, Stand 14. September 1944. Quelle: National Archives HS 7/27.

Einleitung

Über die Herstellung und Verwendung von Schalldämpferwaffen durch Armee und Geheimdienste in Großbritannien während des Zweiten Weltkrieges ist bis heute nur wenig bekannt. Dennoch ist das Königreich unter allen an den Kampfhandlungen beteiligten Nationen diejenige, die mit Abstand die meisten dieser Waffen produzierte und zur Bekämpfung ihrer Gegner einsetzte.

Bei Kriegsbeginn hatten Militär und Geheimdienste zunächst noch auf die zivile britische Schalldämpferproduktion zurückgegriffen. Diese arbeiteten nach dem Maximprinzip und wurden meist mittels einer Schraubmuffe an Serienwaffen angebracht.

Hauptbestandteil von Schalldämpfern dieser Konstruktion ist eine zylindrische Expansionskammer, in der eine Reihe von metallenen Prallscheiben angeordnet ist. Diese weisen in ihrer Mitte jeweils ein Loch auf, das etwas größer als der Geschossdurchmesser ist.

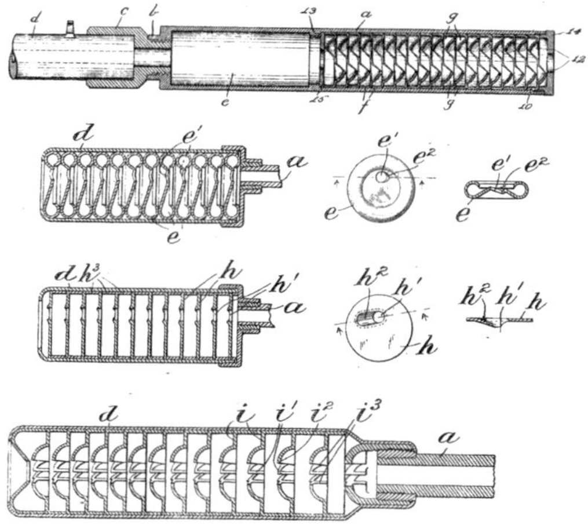

Abb. 2: Ausschnitt aus einer Patentschrift Hiram Maxims. Gezeigt sind einige seiner typischen Schalldämpfer im Schnitt.

Das Konzept basiert auf der Entwicklungsarbeit des britischen Ingenieurs Hiram Percy Maxim. Dieser entwickelte seinen Schalldämpfer nicht nur für Schusswaffen, sondern auch für Motoren, Sicherheitsventile und Luftauslässe jeder Art. "[...] in fact every kind of pipe which emits a gas [...]", heißt es in der Patentschrift. Sein am 30. März 1909 patentierter "Maxim Silencer for Noise Suppression" fand weltweite Verbreitung. Somit war das Konzept bei Kriegseintritt Großbritanniens bereits über 30 Jahre alt. Zwar hatten sich weltweit viele Konstrukteure an der Weiterentwicklung des Maximdämpfers versucht, jedoch hatten sie keine wesentlichen Verbesserungen erzielen können. Auch gänzlich neue Konzepte hatten sich am Markt nicht durchsetzen können.

Der Maxim-Schalldämpfer erreichte zwar nicht die in der zeitgenössischen Werbung versprochene Dämpfungsleistung, ließ sich aber vergleichsweise einfach an Serienwaffen anbringen und galt als zuverlässig und robust. Da er die Geschossgeschwindigkeit nicht reduziert, zeigt er nur bei den Waffen zufriedenstellende Wirkung, die ein Kaliber im Unterschallbereich verschießen. Bei Mündungsgeschwindigkeiten über 333 m/s verursacht das Geschoss nämlich nach Verlassen des Schalldämpfers einen Überschallknall, der dessen Leistung wieder zunichte macht.

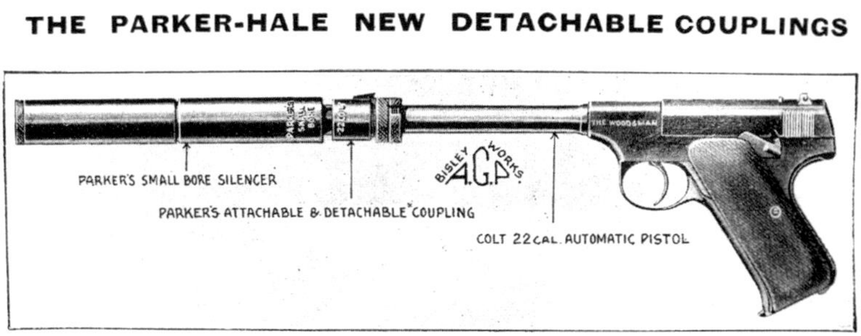

Abb. 3: Ausschnitt aus einem zeitgenössischen Katalog der Firma Parker-Hale: Colt Woodsman Sportpistole mit abnehmbarem Maximdämpfer.

Britische Schusswaffenbesitzer konnten diese Maxim-Schalldämpfer als legales Zubehör im Fachhandel erwerben. Denn schon zu Beginn der 1930er-Jahre hatte der Gesetzgeber überprüft, ob in ihrem Fall ein Verbot angebracht wäre. Gegenstand der Untersuchung war, ob dieses Schusswaffenzubehör in den Händen von Kriminellen eine zu große Gefahr für die öffentliche Sicherheit darstellen könnte und deshalb der freie Verkauf unterbunden werden müsste. Da in Großbritannien zu dieser Zeit die Waffenhersteller Parker-Hale und BSA im Schalldämpferbau marktführend waren, wurden im Sommer 1933 Firmenvertreter über die Wirksamkeit ihrer Produkte befragt. Die Akten des britischen Home Office (Innenministerium) vermerken das Ergebnis dieser Gespräche wie folgt:

> "I have to report that I interviewed Mr. A. T. C. Hale, Managing Director of Messrs. A. G. Parker & Co. Ltd., Bisley Works, Whittall Street, Birmingham. He told me that his firm have been making and selling

> silencers since about December, 1928. [...] They have sold , altogether, 790 of these, and have a further 24 on stock. They have been sold to other firearms dealers, dealers in sports goods, and to individuals, in England, principally farmers. Most of them have been sold with and attached to the particular weapon for which the customer intended them. All were for use with pistols or rifles used for shooting small game, i. e., rabbits and rooks. About 50 % were sold to customers overseas or to persons intending to go abroad. [...]
>
> Silencers are not made for revolvers - no revolver can be silenced - nor are they made for pocket automatic pistols as they have no barrels to which they could be fitted.
>
> Mr. Hale handed to me a descriptive illustrated catalogue dealing with their silencers, and the firm's general catalogue. [...] Mr. Hale says that while the descriptions in the catalogue are correct, the actual effect of most silencers is to reduce the total noise about 25 %."[1]

Hale gesteht also ein, dass, obwohl der Katalog seiner Firma behauptet, die Schalldämpfer reduzierten den Schussknall vollständig, die wirkliche Dämpfungsleistung nur bei ungefähr 25 % liegt. Der Gesetzgeber kam folgerichtig zu dem Schluss, dass die zu jener Zeit angebotenen Schalldämpfer keine Gefahr für die Öffentlichkeit darstellten und sah deshalb von einem Verbot ab. In der Begründung hieß es:

> "[...] the Silencer is of little use to the criminal because it is too bulky, could not be used on revolvers or pocket automatics and does not effectively and sufficiently silence a .22 automatic."[2]

Aus dieser Beurteilung geht klar hervor, dass die aufschraubbaren Schalldämpfer in Maximbauweise weder für eine militärische, noch für eine geheimdienstliche Nutzung zu empfehlen waren. Da jedoch Militär wie auch Geheimdienste zu Beginn des Zweiten Weltkriegs Bedarf an Schalldämpferwaffen hatten, begannen beide Institutionen, an ihre Bedürfnisse angepasste Waffen dieser Art zu entwickeln. Dies geschah in manchen Fällen völlig unabhängig voneinander, sodass die Konstrukteure nicht selten "das Rad zwei Mal erfanden". Eine Ursache dafür war die natürliche Rivalität, die in Großbritannien während des Zweiten Weltkrieges, wie in vielen Ländern bis heute auch, zwischen Militärs und Geheimdiensten herrschte. Diese

[1] HO 144/22539
[2] HO 144/22539

Feindschaft war im Fall eines neu gegründeten Geheimdienstes, der die meisten britischen Schalldämpferwaffen des Zweiten Weltkrieges entwickelte und produzierte, besonders stark ausgeprägt.

Die Special Operations Executive

Der Geheimdienst "Special Operations Executive" (SOE) war bei Kriegsbeginn gegründet worden und verfügte, als "Neuling" in der britischen Behördenlandschaft, über weniger Schnittstellen zu anderen staatlichen Stellen als der alteingesessene Secret Intelligence Service (SIS).

War es dessen Aufgabe, möglichst unauffällig Informationen über gegnerische Nationen zu sammeln, so war für die SOE eine ganz andere Rolle vorgesehen: Sie sollte ihre Agenten hinter den feindlichen Linien absetzen, damit diese einen Guerillakrieg gegen die dortigen Besatzungsmächte führen konnten. Ihre wichtigste Aufgabe dabei war, potenzielle einheimische Widerstandskräfte zu "Geheimarmeen" zusammenzuführen und dafür zu sorgen, dass diese ihre

Abb. 4: Korsische Widerstandskämpfer mit einem von der SOE bereitgestellten Funkgerät und britischen Sten- Maschinenpistolen. Sie erhalten ihre Einsatzbefehle aus London und tragen zum alliierten Sieg gegen Nazideutschland bei.
Foto: Imperial War Museum (IWM) FF 0743.

Operationen den großmaßstäblichen strategischen Zielen der Alliierten unterordneten. Die Briten rechneten fest damit, die von den Deutschen besetzten Länder Europas und Skandinaviens zurückerobern zu müssen und besonders im Falle Frankreichs wurde schnell klar, dass hier ein aus militärischer Sicht sehr bedenkliches Landungsmanöver von See her erforderlich sein würde. Um den alliierten Armeen dabei die Bildung eines Brückenkopfes zu erleichtern, sollten die von der SOE organisierten Widerstandsgruppen zum gegebenen Zeitpunkt die deutschen Nachschubwege im Hinterland lähmen. Genau dies geschah im Juni 1944 und dieser Beitrag der SOE am sogenannten "D-Day" stellt einen der größten Erfolge dieses neuartigen Geheimdienstes dar.[3]

Da die SOE eine komplette Neugründung darstellte, arbeiteten darin nur wenige Geheimdienstler von echtem Schrot und Korn. Die meisten Mitarbeiter waren direkt von Hochschulen abgeworben worden, waren Offiziere in Armee, Marine oder Luftwaffe oder hatten schlicht als Juristen oder Börsenmakler ihr Brot verdient. In der kurzen Zeit des Bestehens der SOE von 1940 bis 1946 mussten sich die meisten Mitarbeiter sehr schnell mit ihrem neuen Aufgabenfeld vertraut machen und oft improvisieren oder zumindest unorthodoxe Wege gehen. Dieser Umstand brachte der SOE bei den konkurrierenden britischen Diensten bald den Ruf ein, amateurhaft zu arbeiten. Auch wenn dies zum Teil sicherlich zutraf, schufen die unkonventionellen Krieger jedoch Grundlagen, die bis heute für die staatlich praktizierte Guerillakriegsführung von Bedeutung sind.

Besonders die technische Ausrüstung der Agenten stand bereits kurz nach Gründung der SOE im Mittelpunkt. Denn einerseits benötigten die Einsatzkräfte modernste Kommunikationsmittel, um den Kontakt mit der militärischen Führung in London aufrechterhalten zu können. Darüber hinaus wurden die SOE-Agenten viel eher als operative Kräfte der herkömmlichen Dienste in direkte Kampfhandlungen verwickelt. Somit benötigten sie andere Formen von Bewaffnung und es sollte sich bald zeigen, dass diese bei Kriegsbeginn in Großbritannien nicht verfügbar waren. Deshalb gründete die SOE schon bald eine große Entwicklungsabteilung und eigene Produktionsstätten, in denen Agentenausrüstung in großen Serien gefertigt, aber auch Einzelanfertigungen für ganz besondere Operationen hergestellt werden konnten.

Hier entwickelten von der SOE rekrutierte Wissenschaftler und Ingenieure den gesamten Kriegsverlauf hindurch Schalldämpfer und die dazu gehörigen Waffensysteme. Waffen, die auf dem zivilen

---

[3] Vgl. Hahlweg 1967, S. 25f

Markt oder in militärischen Arsenalen nicht verfügbar waren, musste die SOE selber herstellen. Da der Fantasie der Planer von SOE-Operationen offenbar nur wenig Grenzen gesetzt waren, fragten sie schon bald nach Gründung des Dienstes immer ausgefallenere Spezialaus-

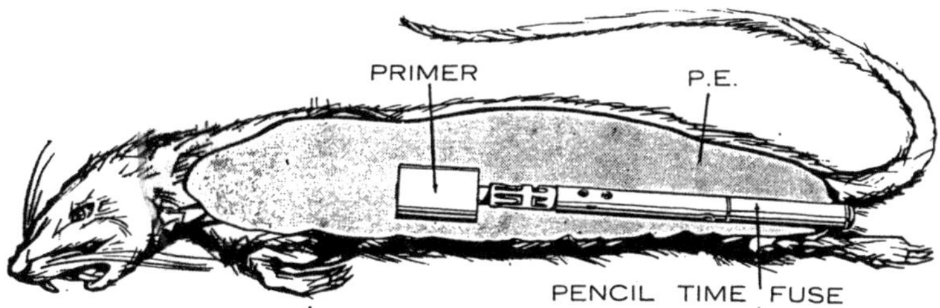

Abb. 5: Aus einem Ausrüstungskatalog der SOE von 1944: Als tote Ratte getarnter Sprengsatz. Partisanen sollten diese Sabotagemittel in der Nähe von Heizkesseln und anderen Feuerstellen auslegen, damit die Deutschen sie ins Feuer warfen und so unfreiwillig eine Explosion auslösten. Quelle: National Archives HS 7/30.

rüstung an. Diese musste oftmals nicht nur gesondert angefertigt, sondern überhaupt erst erfunden werden. Mit der Entwicklung war die SOE-Abteilung "Station IX" betraut, die in dem Landhaus "The Frythe" im Londoner Vorort Welwyn angesiedelt war. Neben neuartigen Funkgeräten, Sprengmitteln und Tauchapparaten entstand dort auch eine Reihe von Schalldämpferwaffen, die zum Teil in Stückzahlen von mehreren Tausend hergestellt wurden.

Abb. 6: Das Landhaus "The Frythe" im Londoner Stadtteil Welwyn. Sitz der SOE-Entwicklungsabteilung Station IX.

Sowohl aus Geheimhaltungsgründen als auch, weil in der unter Kriegsbewirtschaftung stehenden britischen Industrie keine Fertigungskapazitäten zur Verfügung standen, stellte die SOE einen großen Teil ihrer Spezialausrüstung selbst her. Dazu hatte sie in der "Station XII" in Aston House, Hertfordshire, eine Anzahl von Spezialwerkstätten aufgebaut, die auch hoch spezialisierte Ausrüstungsgegenstände in größeren Serien produzieren konnten.[4]

[4] Vgl. Boyce 2003, S. 25 - 29

Vorkriegstechnik

Webley & Scott 1906

Dass die SOE zu Beginn ihrer Tätigkeit auf diejenigen Schalldämpfer zurückgriff, die auf dem zivilen Markt schon vor dem Krieg erhältlich waren, zeigt sich an einer Webley & Scott Pistole Kaliber .32 Browning, die sich heute im Besitz des Imperial War Museums in London befindet. Sie stammt aus Beständen der ehemaligen SOE und ist mit dem zivilen Parker-Hale Schalldämpfer ausgestattet, der das Firmenzeichen des Birminghamer Herstellers auf der Eingangsseite trägt.

Wenn es darum ging, Serienwaffen mit Schalldämpfern auszustatten, lag für die Entwickler der SOE eine Schwierigkeit darin, das Dämpferrohr am Lauf zu befestigen. Denn nur bei wenigen damals handelsüblichen Selbstladepistolen lag ein genügend langer Teil des Laufs außerhalb des Schlittens, den sie mit einem Gewinde hätten versehen können. An der bei der SOE bald als Standardwaffe fungierenden Colt Pistole Modell 1903 war dies beispielsweise nicht der Fall. Wegen der Beliebtheit und Verbreitung dieser Waffe fragten die SOE-Entwickler sogar beim Hersteller in den USA an, ob es möglich wäre,

Abb. 7: Colt Modell 1903 "Hammerless", Kaliber .380 Auto. Der Laufüberstand ist zu gering, um einen Schalldämpfer befestigen zu können.

eine Anzahl längerer Läufe anfertigen zu lassen, die mit einem Schalldämpfergewinde versehen werden könnten. Doch Colt sah sich außerstande, diese zu liefern und in Großbritannien standen kriegsbedingt keine Fertigungskapazitäten zur Verfügung.

So musste die SOE den ersten Bedarf aus im Land vorhandenen Beständen decken. Deshalb lag die Wahl des Modells 1906 des in Birmingham ansässigen Herstellers Webley & Scott nahe. Es war von 1906 bis 1939 hergestellt worden, sodass sich große Stückzahlen davon in Umlauf befanden. Der einfache Rückstoßlader mit unverriegeltem Masseverschluss war im Jahr 1905 von William Whiting konstruiert worden. Schon 1911 hatte die London Metropolitan Police die Pistole als Dienstwaffe eingeführt, weshalb sie auch häufig als Webley MP bezeichnet wird. Neben dem Kaliber .32 Browning war sie auch in dem leistungsfähigeren .380 ACP erhältlich. Mit ihrem 3.5-zölligen Lauf und dem 8-schüssigen Magazin war die Waffe sehr kompakt und wurde im Ersten und Zweiten Weltkrieg gerne von britischen Offizieren als Seitenwaffe geführt.

Abb. 8: Webley & Scott 1906 mit Schalldämpfer von Parker-Hale.

Die vorliegende Waffe ist mit einem der bereits erwähnten Parker-Hale Schalldämpfer ausgestattet. Er besteht aus einer zylindrischen Expansionskammer, in der eine Reihe von metallenen Prallscheiben in gleichen Abständen angeordnet ist. Sie weisen in ihrer Mitte jeweils ein Loch auf, das etwas größer als der Geschossdurchmesser ist, im vorliegenden Fall ca. 9,5 mm.

Abb. 9: Die Mündung des Parker-Hale Schalldämpfers: Innen ist die erste Prallscheibe zu sehen.

Abb. 10: Das Korn musste der Schraubmuffe für den Schalldämpfer weichen.

Neben den baulichen Gegebenheiten war sicherlich ein wichtiger Grund für die Entscheidung, die Webley & Scott mit einem Schalldämpfer zu versehen, dass die Waffe auf den britischen Inseln in großen Mengen zur Verfügung stand.

Mit dem Kaliber .32 Browning verschießt diese Waffe zwar eine Patrone, die sich sehr gut für den schallgedämpften Schuss eignet. Problematisch ist hier jedoch die Verschlussbewegung des Rückstoßladers. Denn durch den nach dem Schuss zurücklaufenden Verschluss entweichen Treibladungsgase, die noch unter Druck stehen und ein lautes Geräusch erzeugen. Auch das mechanische Geräusch der Verschlussbewegung nimmt der Waffe einiges von ihrer "Lautlosigkeit". Als größten Nachteil der Waffe empfanden die damaligen Benutzer jedoch die Tatsache, dass die durch den Schalldämpfer verlangsamten Treibgase nicht mehr in der Lage waren, die halbautomatische Funktion der Waffe sicher zu gewährleisten. Nach den meisten Schüssen reichte die Rückstoßenergie also nicht mehr aus, die abgefeuerte

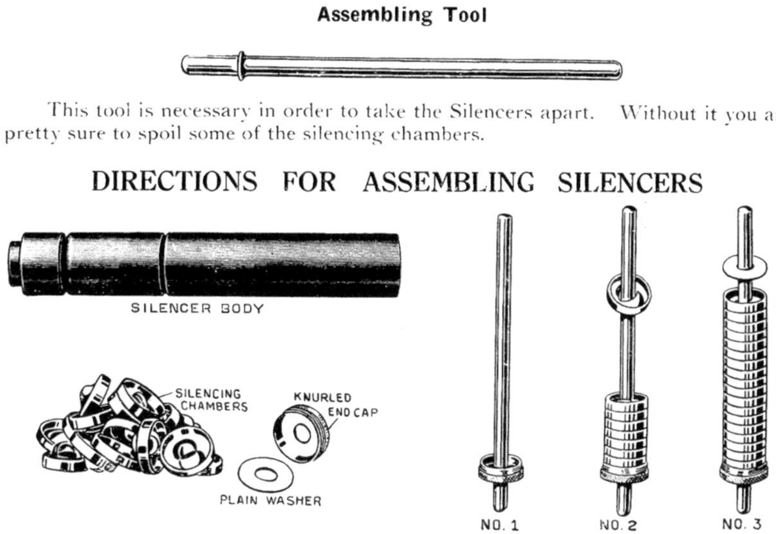

Abb. 11: Zerlegung der Parker-Hale-Schalldämpfer, wie im Firmenkatalog von 1936 dargestellt.

Hülse auszuwerfen und die nächste Patrone zuzuführen. Somit musste der Schütze die Waffe nach jedem Schuss von Hand durchladen.

Da der Schalldämpfer auch die Visiereinrichtung der Pistole verdeckt, kann sie der Schütze bei aufgesetztem Dämpfer nicht mehr zum Zielen verwenden. Bei abgenommenem Dämpfer fehlt das Korn, das der an der Laufmündung angebrachten Schraubmuffe weichen musste. Für den Deutschuss war die Webley & Scott Pistole jedoch aufgrund ihres sehr steilen Griffwinkels nur wenig geeignet.

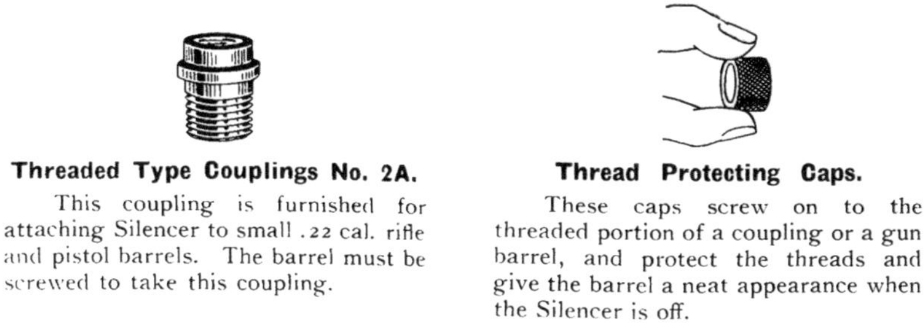

Abb. 12: Parker-Hale bot auch passende Schutzkappen für seine Schalldämpfergewinde an, für den Fall, dass der Schütze die Waffe ohne den Dämpfer verwenden wollte.

Abb. 13: Die fehlende Visierung macht die umgebaute Waffe nur bedingt brauchbar.

Insgesamt war die Handhabung, Schalldämpfung und Wirksamkeit dieser modifizierten Serienwaffe also mangelhaft. Somit eignete sich die abgeänderte Waffe nur bedingt für die geheimdienstliche und militärische Praxis. Die beschriebenen Probleme waren symptomatisch für alle damaligen halbautomatischen Pistolen, die nachträglich mit Schalldämpfern ausgestattet wurden.

Beutestück: Pistole 08

War die Webley-Pistole noch mit einem in den 1930er-Jahren auf dem Zivilmarkt erhältlichen Schalldämpfer ausgestattet, so konzipierte die neu gegründete SOE-Entwicklungsabteilung schon bald eigene Dämpfer.[5] Dass sie dabei dort begann, wo die zivile Entwicklung vor dem Krieg aufgehört hatte, zeigt sich an einer 08-Pistole, die sich heute ebenfalls im Besitz des Imperial War Museums in London befindet. Das Museum hat sie aus den Beständen des britischen Geheimdienstes MI 6 erhalten. Bei der Übergabe teilte ein Vertreter des Dienstes dem Museum mit, dass die Waffe aus dem Arsenal der Special Operations Executive stammt und der MI 6 sie nach deren Auflösung im Jahr 1946 übernommen hat.

Die Waffe verschießt das Kaliber 7,65 Parabellum und wurde nachträglich mit einem Schalldämpfer ausgestattet, der in Form und Bauweise den seit 1928 von Parker-Hale angebotenen Exemplaren

[5] Vgl. National Archives HS 7/27

Abb. 14: Britischer Umbau: Pistole 08 aus DWM-Fertigung mit Maximdämpfer aus der SOE-Entwicklungsabteilung.

entspricht. Er trägt jedoch kein Firmenzeichen, weshalb es sich entweder um eine Sonderanfertigung von Parker-Hale für die SOE oder eine Kopie aus einer Werkstatt des Geheimdienstes handeln muss.

Die 08-Pistole stammt aus der Fertigung vor dem Zweiten Weltkrieg. Das Kniegelenk trägt die Herstellermarke der Deutschen Waffen und Munitionsfabrik (DWM). Zur Aufnahme des Schalldämpfers wurde ein recht grobes Gewinde auf die Laufmündung geschnitten. Es wurde jedoch keine Muffe auf den Lauf gelötet, wie bei der von Parker-Hale durchgeführten Änderung. Anstelle des Korns, das dem Schalldämpfergewinde weichen musste, wurde hier jedoch im Gegensatz zur Webley & Scott-Pistole am laufseitigen Ende des Schalldämpfers ein Perlkorn

Abb. 15: Auch hier entfiel das Korn der Waffe beim Umbau. Am Schalldämpfer wurde deshalb Ersatz angebracht.

Abb. 16: Auch die 08-Pistole konnte im geheimdienstlichen Einsatz nicht überzeugen.

angebracht, mit dem die Visiereinrichtung wieder vollständig wird. Mit abgenommenem Schalldämpfer kann die Waffe so allerdings nur noch im Deutschuss verwendet werden. Zu beachten ist auch, dass die Positionierung des am Schalldämpfer befestigten Korns sich zur Kimme der Waffe bei unterschiedlich starkem Anzugsmoment des Dämpfers verändern kann. Daraus kann eine recht willkürliche Treffpunktlage der Waffe resultieren.

Der Schalldämpfer arbeitet nach dem Maximprinzip und ist mit 18 Dämpferscheiben ausgestattet. Obwohl die mit diesem Schalldämpfer ausgerüstete Pistole somit in allen Punkten dem Entwicklungsstand der Vorkriegszeit entspricht, wird sie in einer Produktionsliste der SOE-Entwicklungsabteilung unter dem Punkt "Small Arms & other Weapons" als "Silent 9mm Luger Pistol" aufgeführt (Abb. 1). Die Liste datiert zwar vom 14. September 1944, jedoch handelt es sich um eine Aufstellung aller seit Bestehen der Entwicklungsabteilung entworfenen Ausrüstungsgegenstände. Daher ist mit Sicherheit davon auszugehen, dass diese Pistole dennoch aus der Gründungszeit der Abteilung stammt. Aufgrund ihrer offensichtlichen Mängel wurde sie jedoch nicht von der SOE zur dauerhaften Verwendung angenommen, weshalb der Entwicklungsbericht sie als "Developed but not produced" aufführt.[6]

Die von der Pistole verschossene Patrone 7,65 mm Parabellum oder .30 Luger ist zur Schalldämpfung nur bedingt geeignet. Dies liegt an der hohen Mündungsgeschwindigkeit des Geschosses, die mit rund 370 m/s deutlich im Überschallbereich liegt. Da der Maximdämpfer die Geschossgeschwindigkeit nicht verringert, hätte in der vorliegenden Waffe Munition mit verringerter Treibladung verschossen werden müssen, um das Entstehen eines Überschallknalls zu verhindern.

Die halbautomatische Funktion der Waffe ist durch den aufgeschraubten Dämpfer ohnehin nicht mehr gewährleistet. Durch die gebremst entweichenden Treibladungsgase öffnet sich der Verschluss selbst bei voller Treibladung nur halb, wodurch keine neue Patrone zugeführt wird. Dennoch können noch unter Druck stehende Treibladungsgase durch den Verschluss entweichen und die Schalldämpfungsleistung reduzieren. Die mit dem Schalldämpfer ausgerüstete Serienwaffe ist also als Kompromiss oder Notlösung zu werten.

[6] Vgl. National Archives HS 7/27

Abb. 17: Die deutsche Pistole 08 war bei Kriegsbeginn bereits veraltet.

Da die 08-Pistole bei Kriegsbeginn selbst in der deutschen Armee bereits als veraltet galt und deshalb durch die Walther P-38 abgelöst wurde, muss auch die SOE sich der Mängel dieser Waffe bewusst gewesen sein. Auch das wenig geeignete Kaliber sowie die schlechte Leistung des Schalldämpfers weisen darauf hin, dass diese Waffe bei Kriegsbeginn modifiziert wurde, als die Materialknappheit Improvisationen notwendig machte.

Die zahlreichen Mängel dürften zu starker Kritik an diesen umgebauten Waffen geführt haben. Aus den negativen Erfahrungen, die die Briten damit gemacht haben müssen, erwuchs jedoch im weiteren Kriegsverlauf eine ganze Reihe von weitaus besser geeigneten Schalldämpferwaffen.

Verdeckte Kriegsführung

Kurz nach Kriegseintritt Großbritanniens sahen nicht nur die Geheimdienste des Inselreiches großen Bedarf an schallgedämpften Schusswaffen. Denn das Land verlegte nach der verlorenen Schlacht um Frankreich und der Evakuierung seiner Expeditionsarmee aus Dünkirchen einen Teil seiner Strategie auf Maßnahmen zur irregulären Kriegsführung. Unter den zahlreichen Organisationen und militärischen wie geheimdienstlichen Verbänden, die in schneller Folge ab Juni 1940 gegründet wurden, nahm die SOE jedoch eine Vorreiterrolle ein.[7]

Bereits in den 1930er-Jahren hatten Regierung und Militär in Großbritannien nämlich erkannt, dass das immer aggressiver agierende Hitlerdeutschland eine zunehmende Gefahr für seine europäischen Nachbarn darstellte. Im Gegensatz zu diesen Ländern, die wie Frankreich in Großbefestigungsanlagen wie etwa die Maginotlinie investierten, stellten die Briten umfangreiche Studien an, wie sie einen militärisch überlegenen Gegner mit Kleinkriegsmitteln schwächen könnten. Die Intention dazu rührte von den bitteren Erfahrungen her, die die britische Armee in den eigenen Kolonien oder im Kampf gegen die irische Untergrundarmee IRA hatte machen müssen. Darüber hinaus waren die ersten Jahrzehnte des 20. Jahrhunderts aber auch reich an Beispielen für erfolgreiche Guerillakriege, wie beispielsweise die russische Revolution oder den Spanischen Bürgerkrieg. Nicht zuletzt waren auch die Erfahrungen von Thomas Edward Lawrence, der als der legendäre "Lawrence von Arabien" eine beduinische Guerillaarmee führte, wegweisend für die britischen Forschungen.[8]

Organisation für den Guerillakrieg

Im Jahr 1938 wurde deshalb aus dem britischen "Secret Intelligence Service" (SIS, auch bekannt als MI 6) eine "Section D" ausgegliedert, die die Möglichkeiten der irregulären Kriegsführung ausloten sollte. Gleichzeitig bildete das War Office (Kriegsministerium) die Organisation "GS (R)" mit der gleichen Zielsetzung. Bei Kriegsbeginn im September 1939 befanden sich beide Organisationen noch im Aufbau, konnten aber bereits mit ersten Ergebnissen aufwarten.

[7] Vgl. Hahlweg 1967, S. 29
[8] Vgl. Foot 1984, S. 5f

Als mit der Niederlage von Dünkirchen die Gefahr einer deutschen Invasion für Großbritannien schlagartig zur Realität wurde, schloss Churchill die beiden Organisationen im Juli 1940 zu einem operativen Geheimdienst zusammen, der unter der Bezeichnung "Special Operations Executive" (SOE) dem Ministry for Economic Warfare (Ministerium für wirtschaftliche Kriegsführung) unterstellt war.

Abb. 18: Frankreich, Haute Savoie, August 1944: Von französischen Widerstandskämpfern gesprengte Brücke über den Fluss Guil bei Embrun. Foto: IWM HU 57103.

Der neue Dienst vergrößerte sich sehr schnell, was zur Folge hatte, dass er bei Kriegsende, also nur knapp fünf Jahre später, rund 13.000 Mitarbeiter auf den Gehaltslisten hatte und weltweit auf ein Heer von etwa einer Million Sympathisanten, Widerstandskämpfern und Agenten zurückgreifen konnte.[9]

Der Hauptgrund, warum die SOE einen weit größeren Bedarf an Schalldämpferwaffen als herkömmliche Geheimdienste hatte, lag in dem besonderen Aufgabenfeld der Organisation. Hier ging es weit weniger um das unauffällige Sammeln von Informationen, als vielmehr darum, den wachsenden Widerstandswillen der Einwohner deutsch besetzter Gebiete zu schüren und so zu kanalisieren, dass er sich in die großmaßstäbliche Planung der britischen Strategen einpasste.

[9] Vgl. Howarth 1980, S. 10f

Natürlich waren die operativen Kräfte des Dienstes deshalb viel eher in direkte Kampfhandlungen verwickelt, als die Agenten der bisherigen Organisationen. Deshalb verfügte die SOE bald über eigene Entwicklungslabors und -werkstätten, die neben anderer Spezialausrüstung auch Waffen aller Art sowie Sprengmittel erdachten und produzierten.[10]

Die British Commandos

War es die Aufgabe der SOE, den Krieg hinter die feindlichen Linien bis tief in den deutschen Herrschaftsbereich zu tragen, so ging es doch für die britische Armee darum, nach der Flucht aus Dünkirchen möglichst bald wieder den Fuß auf kontinentaleuropäischen Boden zu setzen. Denn mit der von der britischen Expeditionstruppe verlorenen Schlacht war für Churchills Planer klar, dass der Krieg nur durch eine Rückkehr auf die gerade erst verlassene Küstenlinie zu gewinnen war. Dies bedeutete einen Angriff über Wasser, der in eine amphibische Landeoperation münden würde.[11]

Um in diesem schwierigen Angriffsweg Erfahrungen zu sammeln und auch, um den deutschen Gegnern baldmöglichst erste "Nadelstiche" des militärischen Widerstands entgegenzusetzen, gründete Churchill als Zusammenschluss der drei Teilstreitkräfte Heer, Marine und Luftwaffe den Führungsstab "Combined Operations". Dieser sollte das Zusammenspiel der drei Kräfte zu erfolgreichen amphibischen Operationen koordinieren. Schon bald erwuchs daraus eine militärische Spezialeinheit, deren Schwerpunkt schnelle Angriffe auf deutsch besetzte Küsten werden sollten. Deren Ziel sollten zunächst keine dauerhaften Eroberungen sein, sondern vielmehr die gezielte Zerstörung wichtiger gegnerischer Infrastruktur sowie die gewaltsame militärische Aufklärung. Schon am 23. Juni 1940, also nur rund drei Wochen nachdem der letzte britische Soldat die französische Kanalküste verlassen hatte, erfolgte mit der Operation COLLAR ein erster kleinräumiger Angriff auf die Küste südlich von Boulogne-sur-Mer. Dieser brachte zwar keine durchschlagenden Erfolge mit sich, ließ aber dennoch zwei getötete deutsche Soldaten zurück und erzeugte damit große Verwirrung unter den Besatzern.[12]

---

[10] Vgl. Boyce 2003, S. 25 - 29
[11] Vgl. Churchill 1985, S. 346ff
[12] Vgl. Macksey 1985, S. 4 - 11

Abb. 19: Angehörige des Commando No. 4 nach der Rückkehr von einer erfolgreichen Angriffsoperation an der französischen Küste, 22. April 1942. Foto: IWM H 18957.

Die unkonventionellen Krieger waren zunächst unter dem Namen "Independent Companies" gegründet worden. Bald schon änderte das britische Oberkommando den Namen ihrer Spezialkräfte in "British Commandos", mit dem sie bis heute zum Taufpaten für zahlreiche militärische Sondereinheiten wurden.[13]

Ihre Einsätze sollten zum Teil von kriegsentscheidender Bedeutung sein, wie der Angriff auf eine deutsche Radarstellung in der Nähe der französischen Ortschaft Bruneval. Dabei erbeuteten die unkonventionellen Krieger wichtige Teile des hochgeheimen "Würzburg"-Funkmessgerätes, sodass britische Techniker einen Weg finden konnten, die deutsche Ortungstechnik wirksam zu stören. So ermöglichten sie

[13] Vgl. Macksey 1985, S. 5 - 9

es den alliierten Luftstreitkräften, die Deutschen durch Flächenbombardements entscheidend zu schwächen. Der Angriff auf die deutsche Radarstellung verlief in gewisser Weise typisch für eine Operation der British Commandos. Denn die Kräfte näherten sich ihrem Ziel zunächst unbemerkt, um dann nach dem lautlosen Ausschalten gegnerischer Wachtposten einen blitzartigen Feuerüberfall durchzuführen. Bevor gegnerische Verstärkungen den in der Minderzahl operierenden Briten zum Verhängnis werden konnten, hatten diese die relevanten Anlagen schon demontiert und sich auf Schnellbooten übers Meer zurückgezogen.[14]

Aus dieser Taktik wird deutlich, wie gut auch diese militärischen Spezialkräfte wirksame Schalldämpferwaffen gebrauchen konnten. War bei den geheimdienstlich genutzten Waffen jedoch ein wichtiger Faktor, die Waffen verborgen mitführen zu können, so benötigten die Commandos vielmehr Waffen mit größerer Reichweite, Durchschlagskraft und Feuergeschwindigkeit. Nur so konnten diese auch in längeren Feuergefechten mit gut bewaffneten Gegnern sinnvoll eingesetzt werden.

Weitere Einheiten zur Kleinkriegsführung

Von SOE und Commandos inspiriert, aber dennoch unabhängig davon, entstanden nach Kriegseintritt Großbritanniens bald weitere Gruppierungen, die mit den Mitteln des Kleinkrieges den zu diesem Zeitpunkt übermächtig erscheinenden deutschen Gegner bekämpften. Auch sie hatten Bedarf an wirksamen Schalldämpferwaffen.

So bemühte sich im Sommer 1940 der damalige Lieutenant Archibald David Stirling bei seinen Vorgesetzten darum, eine Spezialtruppe aufstellen zu dürfen. Diese sollte am nordafrikanischen Kriegsschauplatz in kleinen Teams hinter den feindlichen Linien mit dem Fallschirm abspringen, um den Gegner durch gezielte Angriffe auf strategisch entscheidende Punkte zu schwächen. Die Pläne des hoch motivierten Offiziers fanden Gefallen, was am 24. August 1941 zur Gründung der "L Detachment Special Air Service Brigade" führte, die später nur noch "Special Air Service" (SAS) genannt wurde. Der erste Einsatz der Spezialeinheit führte zwar zu einem völligen Desaster, bei dem sie

[14] Vgl. National Archives WO 199/3230

Abb. 20: Eine Gruppe des 'L' Detachment Special Air Service (SAS) nach der Rückkehr von einer dreimonatigen Operation in der nordafrikanischen Wüste, 18 Januar 1943. Foto: IWM E 21337.

fast völlig aufgerieben wurde. Die Truppe konnte sich jedoch bald neu formieren und zerstörte im weiteren Verlauf des Nordafrikafeldzugs mehr als 250 deutsche Flugzeuge am Boden, unterbrach Bahnlinien und Straßen durch Sprengungen und ließ Dutzende von Nachschublagern des Feindes in Flammen aufgehen. Die SAS-Soldaten näherten sich ihren Zielobjekten meist nachts im Schutz der Dunkelheit aus der Wüste kommend. Wie bei den Commandos war es essenziell für sie, die ersten Gegner, meist Wachtposten, möglichst lautlos zu beseitigen. Nur so konnten sie den Zeitpunkt, an dem feindliche Verstärkungen nachrückten, so weit wie möglich hinauszögern.[14]

Ebenfalls auf die Initiative eines einzelnen Offiziers ging die Bildung der "Small Scale Raiding Force" (SSRF) zurück. Lord Louis Mount-

[15] Vgl. Geraghty 1980, S. 4 - 9

batten, zu dieser Zeit Oberkommandierender der Combined Operations, veranlasste zwischen Februar und März 1942 die Aufstellung dieser nur 50 Mann starken Einheit als amphibische Sabotagetruppe. Sie entstand auf Basis einer bereits seit 1941 bestehenden SOE-Kampfeinheit, die nach dem Namen des ihr als Transportmittel zugeteilten Trawlers als "Maid Honour Force" bekannt war.

Rein administrativ blieb das amphibische Überfallkommando zwar weiterhin Teil der SOE-Station 62 in Anderson Manor bei Blandford. Lord Mountbatten hatte sich jedoch das Oberkommando über die "Hit-and-Run"-Truppe gesichert, sodass sie sich als "No. 62 Commando" in die Befehlskette der Combined Operations einordnete. Um den Aktionsradius der SSRF zu erweitern, wurde ihr das Torpedoboot MTB 344 zugeteilt. Mit dem wegen seiner kompakten Größe sofort "Little Pisser" getauften Schnellboot unternahm die Truppe im ersten Jahr ihres Bestehens mehrere Angriffsoperationen auf die deutsch besetzte französische Küste sowie die ehemals britischen Kanalinseln, die nicht wenige deutschen Soldaten das Leben kosteten.[16]

Die Home Guard und Auxiliary Units

Wie sehr sich die britischen Planungen zur Guerillakriegsführung bis tief in die britische Zivilbevölkerung fortsetzten, zeigt sich an einer hochgeheimen Organisation, die innerhalb der britischen "Home Guard" entstand. Die Home Guard setzte sich aus Zivilisten zusammen, die nach kurzer paramilitärischer Ausbildung als milizähnliche Bürgerwehr die reguläre Armee von Aufgaben wie der Bewachung strategisch wichtiger Objekte oder der Küstensicherung entlasten sollten. Im Falle eines deutschen Angriffs hätten sie jedoch auch aktiv am Kampfgeschehen teilgenommen.[17]

Innerhalb der Home Guard entstand unter größter Geheimhaltung auch noch eine Organisation, die speziell auf einen Einsatz als spätere Widerstandsbewegung während einer möglichen deutschen Besetzung vorbereitet wurde – die sogenannten "Auxiliary Units" oder "Auxunits". Diese wurden auf Initiative von Colonel Colin Gubbins gegründet, dem späteren Chef des operativen Geheimdienstes SOE.

[16] Vgl. National Archives ADM 116/5112, DEFE 2/957, DEFE 2/1093
[17] Vgl. MacKenzie 1995, S. 11 - 28

Abb. 21: Angehörige der Home Guard bei der Ausbildung in Buckhurst Hill, Essex, 1 Juli 1940. Foto: IWM H 2007.

Ziel war es, mit den Auxunits ein Netz von autark agierenden Widerstandszellen zu gestalten, das gleich nach dem deutschen Einmarsch in Aktion treten konnte. Diese Einheiten bestanden aus Freiwilligen, die ihre patriotische Tätigkeit neben ihrem Zivilberuf ausübten. Eine Zelle setzte sich üblicherweise aus fünf bis sechs Männern zusammen, denen ein Leiter im Rang eines Sergeant vorstand. Ein freiwilliger Gruppenleiter im Rang eines Lieutenants sollte die Arbeit von mehreren dieser Zellen in einem bestimmten Gebiet koordinieren.[18]

Ab September 1940 waren die ersten Auxiliary Units einsatzbereit und bewaffnet. In der Anfangszeit wurden sie gezielt im Bereich der südenglischen Küstenregionen aufgestellt, da dort am ehesten mit einer deutschen Invasion zu rechnen war. Ende 1941 bestanden bereits rund 600 dieser Widerstandszellen mit insgesamt mehr als 3500 operativen Kräften. Neben Revolvern, Maschinenpistolen und natürlich Sprengstoffen zählte auch das Fairbairn-Sykes Messer zur Bewaffnung dieser Paramilitärs. Denn gerade den "leisen" Tötungstechniken wurde bei deren Ausbildung große Bedeutung beigemessen.[19]

[18] Vgl. Lampe 2007, S. 43 - 56

[19] Vgl. Michel 2007, S. 89

Aus diesem Grund wurden auch Schalldämpferwaffen an die Auxunits ausgegeben. Da zu dieser Zeit noch keine militärisch sinnvollen Modelle verfügbar waren, nahm man mit den vorhandenen Möglichkeiten Vorlieb und bestellte am 13. März 1942 bei Parker-Hale 660 Schalldämpfer für Gewehre im Kaliber .22 lr. In kürzester Zeit beschaffte das britische Kriegsministerium die entsprechende Menge Kleinkalibergewehre und sandte sie nach Birmingham an Parker-Hale, damit die Schalldämpfer in deren Werkstätten montiert werden konnten. Da die Waffen über viele Kanäle besorgt wurden, handelte es sich um ein Sammelsurium an verschiedenen Fabrikaten, z. B. vom US-Hersteller Winchester oder dem britischen BSA-Werk. Allen gemein war, dass es sich um Repetierbüchsen mit Zylinderverschluss handelte. Ob die geänderten Waffen in voller Stückzahl an die Auxunits ausgegeben wurden, ist heute nicht mehr feststellbar. Sicher ist jedoch, dass einige Exemplare in geheimen Waffenlagern deponiert wurden.[20]

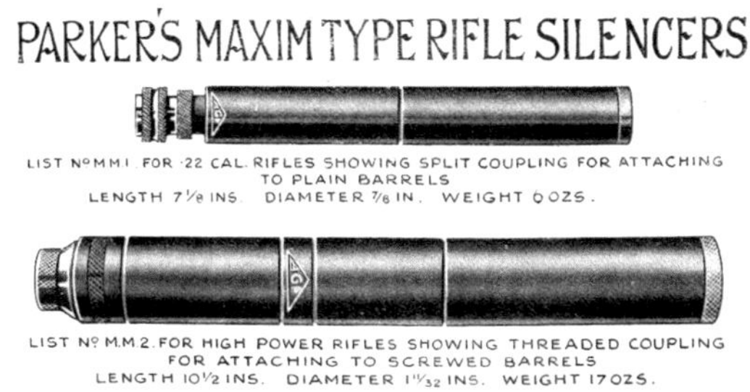

Abb. 22: Aus dem zeitgenössischen Katalog des britischen Herstellers Parker-Hale: Schalldämpfer für klein- und großkalibrige Langwaffen.

Abb. 23: Aus den Arsenalen der Auxunits: Winchester Modell 74 mit Parker-Hale Schalldämpfer.

[20] Vgl. Ladd, Melton, Mason 1988, S. 36; Melton 1996, S. 140 - 141

Hi-Standard Modell B

Noch im Jahr 1942 setzten die Konstrukteure der SOE ihre Suche nach einer idealen Schalldämpferpistole fort. Zunächst hielten sie dabei am Konzept der Selbstladepistole fest, denn die Waffe sollte auch zum Einsatz in längeren Feuergefechten geeignet sein. In diesem Stadium der Entwicklungsarbeiten setzte sich darüber hinaus die Überzeugung durch, dass Kleinkaliberwaffen zur Schalldämpfung besser geeignet sind. Deshalb sollten die Einsatzkräfte die fehlende Mannstoppwirkung durch die Abgabe von mehreren Schüssen auf das gleiche Ziel kompensieren können.

Da auf dem britischen Markt zu dieser Zeit keine geeignet erscheinende Kleinkaliberpistole verfügbar war, machten die Spezialisten der SOE das Modell "B" des amerikanischen Herstellers Hi-Standard zur Grundlage ihrer Arbeit. Erste Versuche mit aufschraubbaren Maximdämpfern brachten nicht den gewünschten Erfolg. Deshalb wandten sich die Konstrukteure von dem Schalldämpfer als Zubehörteil ab und integrierten ihn nun als festen Bestandteil in die Waffe.[21]

Abb. 24: Von der SOE entwickelte Schalldämpferpistole Hi-Standard Modell B, Kaliber .22 lr, hier mit herausgenommenem Magazin.

[21] Vgl. National Archives HO 144/22539

Der Dämpfer ist nach einem Zweikammersystem aufgebaut. Im ersten Teil bewegt sich das Geschoss noch im Lauf. Dieser ist, ähnlich wie bei einer Flöte, auf ganzer Länge gelocht. Die das Geschoss vorantreibenden heißen Verbrennungsgase können sich so nach und nach in die umgebende Expansionskammer ausdehnen, in der sie ihre Geschwindigkeit verringern und sich abkühlen können. Nach dem Verlassen der noch innerhalb des Dämpferrohrs liegenden Laufmündung durchfliegt das Geschoss eine Reihe von weiteren Expansionskammern, die jeweils von einer kreisförmigen Prallscheibe abgeschlossen werden. Das Geschoss durchdringt diese entweder durch ein im Mittelpunkt liegendes Loch, oder bahnt sich, bei Scheiben aus Komposit- oder Hartgummimaterial, beim ersten Schuss den Weg durch eine nur kreuzförmig geschlitzte Öffnung. Dabei hinterlässt es ein kalibergroßes Loch für die nachfolgenden Schüsse. Durch solche "Einwegscheiben" wollte man den sogenannten Erstschusseffekt verringern. Hinter dieser Bezeichnung verbirgt sich die Tatsache, dass bei nahezu allen Schalldämpfern der erste Schuss lauter erscheint als die nachfolgenden.

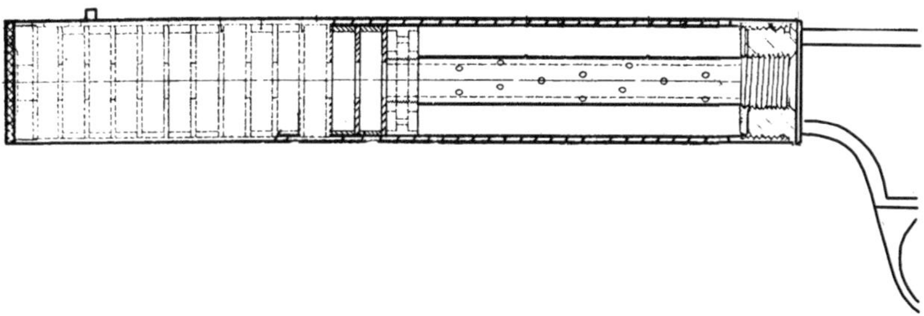

Abb. 25: Das Innenleben des "Welsilencers": Richtungsweisend für die weitere Entwicklung der britischen Schalldämpfertechnik im Zweiten Weltkrieg.

Dieses Konzept sollte zur Grundlage aller noch folgenden britischen Schalldämpferwaffen des Zweiten Weltkriegs werden. Da er im SOE-Entwicklungslabor im Londoner Vorort Welwyn konstruiert wurde, wird er im offiziellen Schriftverkehr oft als "Welsilencer" bezeichnet.[22]

Eine der wenigen zeitgenössischen Aufnahmen einer SOE-Hi-Standard-Pistole zeigt die Waffe in einer Holzkassette mit Zubehör. In dieser befindet sich auch ein Haken zum Entfernen der Schalldämpferscheiben. Die schallgedämpfte Hi-Standard-Pistole der SOE scheint

[22] Vgl. National Archives WO 185/144

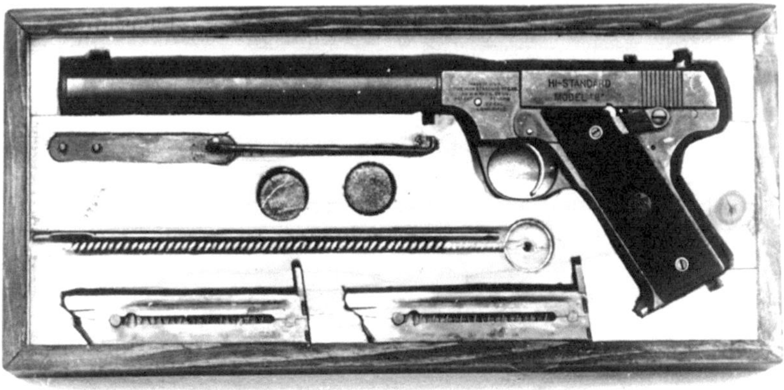

Abb. 26: Zeitgenössische Aufnahme der SOE-Version der schallgedämpften Hi-Standard Modell B. Neben zwei Ersatzmagazinen und Reinigungsbürsten enthält der Kasten auch ein hakenförmiges Werkzeug zum Herausziehen der Schalldämpferscheiben. Foto: IWM HU 56778.

nur in sehr geringen Stückzahlen produziert worden zu sein, denn es sind nur wenige Exemplare erhalten. In einem Entwicklungsbericht der SOE-Station IX (siehe Abb. 1) findet sich der Eintrag "Welsilencer (silent .22 pistol)" unter der Rubrik "Issued for Ad Hoc Operations", ein Hinweis darauf, dass die Waffe nur für wenige Einsätze ausgegeben wurde.[23] Am vorliegenden Stück aus der Sammlung des Imperial War

Abb. 27: Die Waffe ist als US-Regierungseigentum gestempelt.

[23] Vgl. National Archives HS 7/27

Museums in London lassen sich einige interessante Merkmale der Waffe untersuchen. Sie wurde während des Zweiten Weltkrieges von dem britischen SOE-Agenten David Smiley bei einem seiner Einsätze in Albanien getragen.[24]

An der Hi-Standard-Pistole Modell "B" im Kaliber .22 lr irritiert zunächst die Stempelung "Property of U. S." auf der rechten Waffenseite. Die Ursache für diese irreführende Markierung liegt darin, dass die SOE die Waffen nicht direkt beim Hersteller Hi-Standard in New Ha-

Abb. 28: Die Beschriftung der linken Waffenseite.

ven, Connecticut, sondern aus Beständen der US-Armee bezog. Die amerikanischen Streitkräfte hatten zwischen 1942 und 1943 rund 50.000 dieser Pistolen eingekauft und als Trainingswaffen verwendet. Etwa 14.000 davon gehörten zur Hi-Standard-Baureihe "B".

Abb. 29: Die Mündung der Waffe David Smileys. Die Seriennummer 97148 ist auch hier eingestempelt.

Die Hi-Standard-Pistolen, die die SOE nun von der US-Armee bezog, um sie in Schalldämpferwaffen umzubauen, trugen entsprechend den Eigentumsstempel des ursprüng-

[24] Vgl. Cornish 2006, S. 28

lichen Besitzers. Rund 1000 dieser Pistolen im Kaliber .22 wurden den Briten von den USA auf Basis des von US-Präsident Roosevelt verabschiedeten Leih- und Pachtgesetzes ("Lend-Lease") geliefert. Vermutlich handelte es sich dabei ausschließlich um Waffen der Marke Hi-Standard Modell "B". Den Seriennummern zufolge wurden die Pistolen von Hi-Standard zunächst an eine Zweigstelle des US-Ordnance Department gesandt.[25] Die Firmenakten von Hi-Standard vermerken keine direkte Lieferung nach Großbritannien während des Krieges.

Abb. 30: Die Hi-Standard Pistole David Smileys, linke Waffenseite.

[25] Vgl. Fjestad 2005, S. 798

Abb. 31: Die Hi-Standard Pistole David Smileys, rechte Waffenseite.

Gegenstück des US-Geheimdienstes OSS

Weitaus verbreiteter als die britische Ausführung der schallgedämpften Hi-Standard Pistole ist die amerikanische Variante, die vom US-Geheimdienst OSS in Auftrag gegeben wurde.

Schon zu Beginn des Jahres 1941, also noch deutlich vor dem japanischen Angriff auf Pearl Harbour und dem darauf folgenden amerikanischen Kriegseintritt, hatten der neue Geheimdienst und die militärischen Spezialeinheiten der Briten große Beachtung in den USA gefunden. Ein mit der britischen SOE vergleichbarer Geheimdienst existierte dort zu dieser Zeit noch nicht. Seit dem Sezessionskrieg war eine Vielzahl von verschiedenen Geheimdiensten gegründet worden, die als in sich autarke Organisationen nur ungern Informationen untereinander austauschten. Guerillaartige Kampfeinsätze in gegnerischen Ländern waren bei keinem dieser Dienste vorgesehen. Präsident Roosevelt hob deshalb im Juni 1941 nach dem Vorbild der britischen SOE das "Office of Strategic Services" (OSS) aus der Taufe. Die OSS begann auf der ganzen Welt zu operieren, speziell natürlich in den mit den USA im Krieg befindlichen Ländern. Bald fanden sich mehr als 24.000 Mitarbeiter auf den Gehaltslisten der neuen Organisation.[26] Ähnlich wie die Agenten der englischen SOE, benötigten auch die Kämpfer der OSS lautlose Waffen für den Einsatz hinter den feindlichen Linien.

Deshalb ließ die OSS während des Zweiten Weltkrieges mehrere Tausend Stück einer schallgedämpften Hi-Standard Pistole herstellen. Auf den ersten Blick scheinen sich die britische und die amerikanische

Abb. 32: Schalldämpferpistole der OSS auf der Basis des Hi-Standard Modells "HD".

[26] Vgl. Smith 1983, S. 20 - 30

Ausführung in allen Details zu entsprechen. Da auch viele der OSS-Varianten den Stempel "Property of U.S." aufweisen, werden diese Waffen leicht miteinander verwechselt. Doch schon in den Abmessungen zeigen sich deutliche Unterschiede: Die britische Waffe ist 10,875 Zoll (276,225 mm) lang, die amerikanische jedoch stolze 13,815 Zoll (350,901 mm). Der Hauptunterschied zwischen dem britischen und dem amerikanischen Konzept lag jedoch im Innenleben des Schalldämpfers.[27]

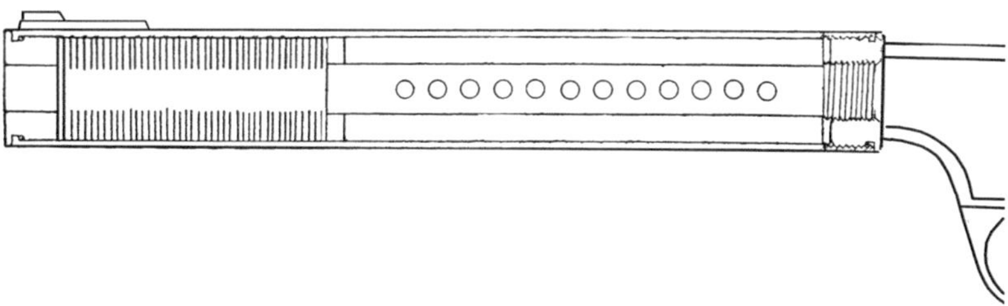

Abb. 33: Der Aufbau des OSS-Schalldämpfers.

Bei der OSS-Variante reicht der Lauf durch knapp zwei Drittel des Schalldämpfermantels. Er ist auf seiner ganzen Länge mit Lochreihen versehen und von einem gerollten Messingdrahtnetz umgeben. Beim Schuss entweichen die dem Geschoss folgenden Pulvergase durch die Lochreihen und werden von den engen Drahtnetzmaschen verlangsamt und abgekühlt. Das vordere Drittel des Dämpfers ist mit dicht aufeinander gepressten Scheiben aus Drahtgittermaterial gefüllt, die in Form und Abmessungen etwa den Prallscheiben der britischen Dämpfer entsprechen. Sie bilden jedoch keine Expansionskammern, sondern wirken, ähnlich wie die davor liegende Drahtgitterrolle, als für die heißen Pulvergase nur schwer zu durchdringender Absorber. Diese Maßnahme sorgt für eine Reduzierung des Schussknalls auf etwa 119 db.[28]

Die Tatsache, dass es sich bei dem britischen Umbau um ein Modell "B" mit innen liegendem Hahn handelt, stellt einen weiteren auffälligen Unterschied zur amerikanischen Variante dar. Denn die OSS rüstete dieses Modell im Jahr 1942 nur im Rahmen einer kleinen Vorserie mit einem Schalldämpfer aus. Die eigentliche Serienfertigung basierte dann auf dem Modell "HD" mit außen liegendem Hahn. Diese Ver-

[27] Vgl. Brunner 1994, S. 27 - 28
[28] Skochko, Greveris 1968, S. 17

sion erhielt später die Bezeichnung "HDM".[29] Die Entwicklung der OSS-Variante verlief nahezu zeitgleich mit der ihrer britischen Schwester. Inwiefern ein gegenseitiger Informationsaustausch zwischen den britischen und amerikanischen Ingenieuren stattfand, ist nicht bekannt.

Im September 1945 löste Roosevelts Nachfolger Truman die OSS auf. Doch bereits 1947 wurde mit der "Central Intelligence Agency" (CIA) eine Nachfolgeorganisation gegründet. Diese übernahm nicht nur viele ehemalige Mitarbeiter ihres Vorgängers OSS, sondern auch große Mengen Ausrüstung. Darunter waren auch zahlreiche der schallgedämpften HDM-Pistolen. Ebenso ging die Produktion in den darauf folgenden Jahrzehnten weiter.[30] Deshalb war die Waffe auch in Korea, Vietnam und anderen "heißen" oder "kalten" Kriegsschauplätzen mit US-Beteiligung zu finden. Zweifelhafte Berühmtheit erlangte sie als Ausrüstungsgegenstand des glücklosen CIA-Piloten Francis Gary Powers, der am 1. Mai 1960 mit seinem U2-Spionageflugzeug über der Sowjetunion abgeschossen wurde.[31]

---

[29] Vgl. Kokalis 2002, S. 22

[30] Vgl. Brunner 1994, S. 28

[31] Vgl. Veh, Martin 1996, S. 1582

Welrod Modell 1

Bei den bisher vorgestellten Waffen handelte es sich um Versuche, Selbstladepistolen aus der Serienproduktion mit einem Schalldämpfer zu versehen und nach Möglichkeit ihre halbautomatische Funktion zu erhalten. Dies ist den Konstrukteuren der SOE nur im Fall der kleinkalibrigen Hi-Standard Pistole in zufriedenstellendem Maß gelungen. Nachteilig an diesem Konzept blieb allerdings, dass Großbritannien aus den USA kriegsbedingt nur eine relativ kleine Anzahl dieser Waffen beschaffen konnte. Außerdem war die Wirksamkeit der .22er Munition mangelhaft, da sie den Gegner nur bei Treffern in vitalen Körperregionen sofort kampfunfähig machte.

Ende 1942 begannen deshalb an der SOE Station IX Entwicklungsarbeiten an einem gänzlich anderen Waffenkonzept. Diesmal konzentrierten sich die SOE-Techniker auf die Patrone .32 Browning, die zumindest eine bessere Mannstoppwirkung als die .22 lr aufwies, deren Geschossgeschwindigkeit aber immer noch im Unterschallbereich lag. Die Waffe war nun weniger für das kampfmäßige Schießen in Feuergefechten vorgesehen, als vielmehr für gezielte Exekutionen, beispielsweise von gegnerischen Funktionsträgern in Schlüsselpositionen, Kollaborateuren oder Verrätern.

Abb. 34: Welrod Modell 1: Eine Repetierpistole mit Zylinderverschluss.

Dies zeigt sich an dem Verzicht auf eine halbautomatische Repetierfunktion. Die Pistole sollte vielmehr nach jedem Schuss von Hand durchgeladen werden, um so das Entweichen von Treibladungsgasen durch den Verschluss zu verhindern. Auch das mechanische Geräusch des repetierenden Verschlusses war nun nicht mehr unmittelbar mit dem Schuss verbunden und konnte, falls kein weiterer abgegeben werden musste, unterbleiben. Somit war die Waffe für Überfälle auf feindliche Posten oder zur Verteidigung gegen bewaffnete Angreifer nur noch bedingt geeignet. Denn eine schnelle Schussfolge war nur sehr schwierig und auch nur beidhändig zu erreichen.

Abb. 35: Der Verschluss der Waffe ist hier geöffnet. In dieser Position können vier Patronen von oben in den Magazinschacht eingeführt werden.

Beim Schalldämpfer entschieden sich die Konstrukteure für die bereits an der Hi-Standard Pistole verwendete Ausführung. Der "Welsilencer" gehört auch hier wieder als fester Bestandteil zur Waffe und kann nicht entfernt werden. Der Aufbau des Dämpfers ist trotz des größeren Kalibers gleich geblieben. An den Integralschalldämpfer mit dem innen liegenden Lauf wurde lediglich ein Stahlrohr angeschraubt, das den Verschluss enthält. Dabei entschieden sich die Konstrukteure für einen einfachen Drehwarzenverschluss, der, ähnlich den damals üblichen Militärgewehren, durch einen Kammerstängel betätigt wurde. Um Platz zu sparen, diente dieser als eine der beiden Verriegelungswarzen. An Repetiergewehre erinnert auch das Magazin. Es befindet sich in dem an das Verschlussrohr angeschraubten Griff aus verschweißtem Stahlblech. Bei geöffnetem Verschluss kann der Schütze vier Patronen von oben in das Magazin laden.

Abb. 36: Die rechte Waffenseite: Der Verschluss wird mittels Kammerstängel geöffnet.

Ausgesprochen ungewöhnlich ist der Abzug dieses ersten Welrod-Prototyps. Er befindet sich im oberen Bereich der linken Seitenfläche des Griffs und ähnelt auf den ersten Blick einem Sicherungshebel. Ist der Schlagbolzen gespannt, so muss der Schütze die leicht hervorstehende Taste nach vorne, also in Richtung der Laufmündung, schieben, um den Schuss auszulösen. Da der Griff in seiner Länge eher den damals üblichen Taschenpistolen im Kaliber 6,35 Browning entspricht, die Waffe aufgrund ihrer Länge jedoch sehr kopflastig ist, verliert der Schütze im Moment der Schussabgabe deutlich an Kontrolle über die Waffe. Die Konstrukteure scheinen beabsichtigt zu haben, die Waffe trotz ihrer Länge möglichst glatt und führig zu gestalten. Insgesamt wirkt diese Form des Abzugs jedoch wenig gelungen.

Abb. 37: Der Abzug der Waffe liegt an der linken Seite des Griffstücks.

Von diesem ersten Prototypen der Welrod-Pistole ist heute nur noch ein Exemplar erhalten. Es weist nur geringe Gebrauchsspuren auf und scheint lediglich zu Erprobungszwecken gedient zu haben. Wie viele Exemplare dieses Typs hergestellt wurden, ist heute nicht mehr feststellbar. Die Erprobung muss zu zufriedenstellenden Ergebnissen geführt haben, denn im SOE-Schriftverkehr wird die Welrod-Pistole im November 1942 erstmals erwähnt.

> "THE WELROD.
> A silent four-shot weapon of .32 calibre to meet certain stated requirements of the C.C.O. and CAPTAIN SYKES was manufactured. This gun was considered successful and was shown to various persons interested for passing and obtaining the number required." [32]

Der Eintrag beschreibt sie also als "schallgedämpfte, vierschüssige Waffe im Kaliber .32, die bestimmte festgelegte Anforderungen erfüllen soll, die durch den "C. C. O:" ("Chief of Combined Operations") und Captain Sykes festgelegt worden sind. Die Waffe wurde als Erfolg versprechend betrachtet und zahlreichen Personen vorgeführt, die an Abnahme und Anschaffung der benötigten Anzahl interessiert waren".

Abb. 38: Captain Eric Anthony Sykes. Quelle: National Archives HS 9/1434/1.

Besonders die Erwähnung eines Captain Sykes ist an dieser Stelle zu beachten. Denn allem Anschein nach handelt es sich dabei um die Person des Eric Anthony Sykes (1883 - 1945), der zu diesem Zeitpunkt gemeinsam mit seinem Kollegen Captain William Ewart Fairbairn die Schulung in bewaffnetem und unbewaffnetem Nahkampf für SOE und Commandos leitete.[33] Die beiden sind besonders durch das von ihnen entworfene Kampfmesser bekannt geworden, das unter dem Namen "Fairbairn-Sykes Kampfmesser" ("FS-Fighting Knife", "Commando-Dagger") Weltruhm erlangte und bis heute millionenfach hergestellt wurde. Sykes war neben seinen Kenntnissen in

[32] National Archives HS 7/286

[33] Vgl. Binney 2005, S. 29

Kampftechniken mit dem Messer oder den bloßen Händen auch Experte für den Einsatz von Schusswaffen. Dies rührte von seiner mehr als zehnjährigen Tätigkeit als Leiter der Scharfschützeneinheit der internationalen Polizei in Shanghai her.[34]

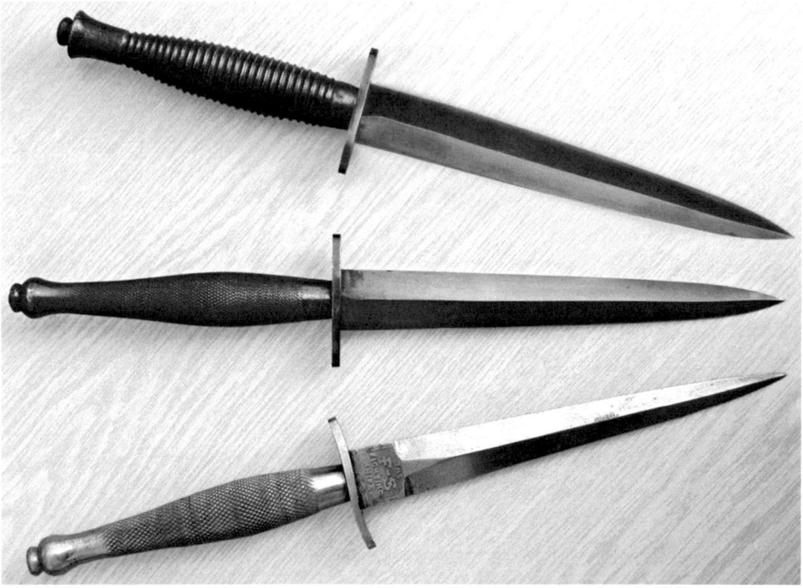

Abb. 39: Als Tötungswerkzeug entworfen: Drei Varianten des von Eric Sykes und William Fairbairn entworfenen Kampfmessers.

In der chinesischen Hafenstadt existierte von 1854 bis 1941 eine internationale Enklave, die über eine eigene Polizeigewalt verfügte. Diese "Shanghai Municipal Police" (SMP) genannte Truppe hatte in der Verbrechens- und Aufruhrbekämpfung wahre Pionierarbeit zu leisten, da die internationale Ansiedlung an der Jangtze-Mündung Glücksritter aus aller Welt anzog. Deshalb waren dort Drogenhandel, Prostitution und Kapitalverbrechen an der Tagesordnung. Sykes und Fairbairn bauten ab 1925 ein "Riot Squad" auf, das als ein Vorläufer der heutigen SWAT- oder SEK-Truppen gelten kann. Sykes befehligte in dieser Einheit das Scharfschützenteam, war aber auch für die Auswahl und Beschaffung von Dienstwaffen zuständig.

[34] Vgl. Michel 2007, S. 41

Mit Ausbruch des Zweiten Weltkrieges kehrten Sykes und Fairbairn, nun nahezu im Rentenalter, nach Großbritannien zurück und boten ihre Kenntnisse Armee und Geheimdienst an. Sie wurden sofort in den gerade gegründeten Geheimdienst "Special Operations Executive" aufgenommen, beide im Rang eines Captains (Hauptmann). Bis Kriegsende bauten sie ein sehr effektives Schulungssystem auf, in dem Tausende von irregulären Kräften aus Geheimdienst und militärischen Spezialeinheiten in Schießtechniken, Messerkampf und unbewaffnetem Töten unterrichtet wurden.

Auch dabei leisteten sie Pionierarbeit: Beispielsweise bei der Schießausbildung lehrten sie eine instinktive Technik, die heute noch als Grundlage für die kampfmäßige Schießausbildung dient. Der Schütze zielt dabei nicht über Kimme und Korn, sondern "tastet" sich mit Zwei-Schuss-Dubletten ins Ziel. Die Ausbildung vollzog sich auf Nahdistanzen unter zehn Metern und stand damit im völligen Gegensatz zur bisherigen Ausbildung im gezielten Schuss auf möglichst weite Entfernungen.

Waren der Messerkampf und die unbewaffneten Techniken Fairbairns Spezialgebiet, so war Sykes der Experte für das Schießtraining und die Wahl der geeigneten Waffen. In den Nahkampfschulen der SOE stand auch das "Stille Töten" (Silent Killing) auf dem Lehrplan. Dies beinhaltete zum Beispiel das geräuschlose Ausschalten von gegnerischen Wachtposten. Dazu lehrten die Ausbilder in erster Linie Techniken mit dem Messer, Schlagwaffen, Garotten oder den bloßen Händen. In der Praxis wird sich gezeigt haben, dass nicht nur sehr viel Mut dazugehört, einen schwer bewaffneten deutschen Soldaten mit diesen Waffen anzugreifen, sondern auch Glück und ein unaufmerksamer Gegner.[35]

Aus diesem Grund werden sich Sykes und andere Entscheidungsträger Gedanken gemacht haben, wie solche Überfälle mit besseren Erfolgschancen ausgeführt werden könnten. Der Schusswaffenexperte Sykes muss im Rahmen seiner Polizeiarbeit Erfahrungen mit den Schalldämpfern der 1920er- und 1930er-Jahre gesammelt haben. Er wird also das Potenzial gekannt haben, das in diesen Waffen steckt, zugleich aber auch über die physikalischen Grenzen informiert gewesen sein, die bei der Schalldämpfung von halbautomatischen Waffen

[35] Vgl. Michel 2007, S. 16f

zutage treten. Deshalb ist seine Mitarbeit an der Entwicklung der Welrod-Pistole durchaus denkbar. Der nächste Eintrag in den Unterlagen des Geheimdienstes SOE datiert vom Dezember 1942:

> "THE WELROD.
> Following trials it was decided to manufacture 500 for stock, the work to be carried out at Station XII." [36]

Nach weiteren Tests wurde beschlossen, einen Bestand von 500 Exemplaren der Waffe zu produzieren. Diese Arbeit sollte Station XII ausführen. Ob die projektierten 500 Exemplare vom ersten Prototypen oder dem nachfolgenden ersten Serienmodell gefertigt werden sollten, geht aus der Akte jedoch nicht hervor. Hier macht sich bemerkbar, dass alle mit der Entwicklung der Schalldämpferpistole verbundenen Vorgänge damals als "most secret" eingestuft wurden und sich der offizielle Schriftverkehr darüber deshalb auf ein Minimum beschränkt. Insgesamt scheint das Konzept eines Integralschalldämpfers verbunden mit der manuellen Repetierfunktion in seiner Leistungsfähigkeit überzeugt zu haben. Der Prototyp wies jedoch zahlreiche Merkmale auf, die in die späteren Serienversionen nicht übernommen wurden. Hier hatten die Konstrukteure Verbesserungsmöglichkeiten erkannt.

[36] National Archives HS 7/286

Abb. 40: Welrod Modell 1, rechte Waffenseite.

Welrod Mk II

Die Erprobungen des Welrod-Prototypen setzten sich bis in das Jahr 1943 fort. Bis dahin hatte das Konzept der manuell zu repetierenden Pistole mit Integralschalldämpfer bei den Entscheidern in SOE und Militär Anerkennung gefunden. Lediglich die von der damals gängigen Waffentechnik zu sehr abweichenden Konstruktionsmerkmale müssen deren Missfallen erregt haben. Denn der SOE-Entwicklungsbericht verzeichnet den nächsten Schritt im Werdegang der Welrod-Pistole im März 1943:

> "WELROD.
> This was redesigned and given a folding stock, a removable and replaceable magazine, increased simplicity in the bolt action, and reduced trigger pressure and it was hoped still further to decrease the noise of the explosion. These improvements make it not only easier to operate but also to manufacture." [37]

Hierbei muss es sich um eine Übergangslösung zwischen der Welrod Modell 1 und dem späteren Vorserienmodell handeln, von der kein Exemplar erhalten ist. Denn von einer Welrod-Ausführung mit Klappschaft ist bis heute weltweit kein Beispiel bekannt. Der Eintrag verrät jedoch, dass die Schwachstellen des Modells 1 den Entwicklern sehr wohl bewusst geworden waren. Denn die Veränderungen betreffen in erster Linie das Magazin, das nun nicht mehr fest zur Waffe gehört, sodass der Schütze es auch entfernen und auswechseln kann.

Des Weiteren scheint man auch mit dem Abzug nicht zufrieden gewesen zu sein, obwohl hier vorerst nur vom Abzugswiderstand gesprochen wird, der reduziert werden soll. Der Zylinderverschluss soll dem Eintrag zufolge "vereinfacht" worden sein. Hieraus geht nicht klar hervor, inwiefern die Entwickler bereits von der klassischen Form mit dem Kammerstängel abgerückt waren. Auch der Schalldämpfer wird im März 1943 noch als verbesserungswürdig angesehen. Insgesamt sollen die Änderungen nicht nur auf die verbesserte Handhabung, sondern auch die einfachere Herstellung der Waffe abzielen.

[37] National Archives HS 7/286, S. 131

Die nächste Erwähnung findet die Welrod-Pistole in dem Bericht der SOE-Entwicklungsabteilung bereits wieder im April 1943:

> "The WELROD.
> A new model, 12 ½ inches in length weighing 33 ounces, was produced. Its magazine was detachable; it was given a spring ejector and the bolt action of the previous model was replaced by a knurled boss. As redesigned the weapon was a great deal simpler to produce." [38]

Abb. 41: Weiterentwicklung: Welrod Mk II.

Zu diesem Zeitpunkt liegt also definitiv das erste Serienmodell der Welrod vor. Es wird nun, da es bei Armee und Geheimdienst offiziell als Waffe für Sondereinsätze eingeführt wird, als "Mk II" bezeichnet. Bei dieser Ausführung ist der störende Kammerstängel endgültig durch einen kreuzweise geriffelten Drehknauf ersetzt worden. Dies hat den Vorteil, dass ein Schütze, der die Waffe in der rechten Hand hält, nicht mehr mit der linken Hand über sie hinweggreifen muss, um das Schloss zu bedienen. So kann er auch beim schnellen Nachladen während eines Einsatzes die Waffe auf das Ziel gerichtet halten.

Auch ist das Magazin nun entfernbar. Der Einfachheit halber wurde es von der Colt Pistole Modell 1903 ("Hammerless") übernommen und in einen Hartgummiknauf eingegossen. Somit wird mit ihm der gesamte Griff entfernt, was den getarnten Transport der recht großen Pistole erleichtert. Bei einer Gesamtlänge von 12 ½ Zoll (318 mm) hat die solide gebaute Waffe immerhin ein Gewicht von 33 Unzen (936 Gramm).

[38] National Archives HS 7/286, S. 155

Abb. 42: Bei der Welrod Mk II bilden Griffstück und Magazin eine Einheit. Abzug und Handballensicherung sind vor und hinter dem Magazinschacht angebracht.

Von großem Vorteil war auch, dass die Konstrukteure bei der Mk II von der eigenwilligen Abzugskonstruktion des Vorgängermodells Abstand genommen haben. Statt des seitlich am Griff liegenden Auslösers gibt es nun einen "klassischen" Abzug, der allerdings ohne schützenden Abzugsbügel nach vorne aus dem Magazinschacht ragt. Um das ungewollte Auslösen eines Schusses zu verhindern, statteten die Konstrukteure die Serienausführung der Welrod-Pistole mit einer Handballensicherung aus. Sie steht als kleiner Hebel am Griffrücken vor und sperrt den Abzug bei gespannter Waffe. Erst wenn der Schütze die Hand um den Griff legt und dabei den Hebel an den Griff drückt, gibt die Sicherung den Abzug frei.

Der ungewöhnlich klingende Name "WELROD" setzt sich aus der Silbe "WEL" des Entwicklungsortes "Welwyn" (Sitz der SOE-Station IX) und dem englischen Wort für "Stange oder Stab" = "ROD" zusammen. Denn bei abgenommenem Magazin bestand die Welrod-Pistole im Wesentlichen aus einem Stahlrohr von etwas mehr als 30 cm Länge.

Abb. 43: Die Waffe mit eingesetztem Magazin.

Das Schalldämpferkonzept haben die Konstrukteure bei der Mk II zu sehr hoher Leistungsfähigkeit entwickelt. Der Schussknall wird auf 122 db reduziert, eine Leistung, die auch noch gegen heutige Schalldämpferkonstruktionen konkurrieren kann. Ein wichtiger neuer Bestandteil des Welrod-Dämpfers waren vier Scheiben aus Hartgummi- oder Komposit-Material, die in ihrem Mittelpunkt statt eines Lochs nur einen kreuzförmigen Einschnitt aufweisen. Hier musste sich beim ersten Schuss das Projektil erst einen Weg bahnen. Entsprechend entstand dabei auch kein "Gasschlupf" zwischen Geschoss und Prallscheiben, sodass hier die Schalldämpfung noch ein wenig besser war als bei den folgenden Schüssen. Diese Entwicklung mag auf den sogenannten "Erstschusseffekt" abgezielt haben. Dieser Begriff bezeichnet das Phänomen, dass bei nahezu allen Schalldämpferkonstruktionen die Lärmreduzierung beim ersten Schuss weniger effektiv ausfällt als bei den folgenden.[39] Da jedoch der erste, besonders bei gezielten Tötungen, häufig der einzige bleibt, wurde gerade einem möglichst leisen ersten Schuss bei der Welrod große Bedeutung beigemessen.

Abb. 44: Welrod Mk II: Linke Waffenseite.

Die Ingenieure, die die Welrod-Pistole zur Serienreife entwickelten, standen unter großem Zeitdruck. Denn die SOE plante parallel zu deren Arbeiten bereits einen ersten groß angelegten Einsatz der Waffe. Bereits in der ersten Erwähnung der Welrod-Pistole im Entwicklungsbericht der SOE waren "certain stated requirements" als Grund für

[39] Vgl. Joniskeit 2007, S. 136

die Produktion der Waffe genannt worden.[40] Unter der Bezeichnung "Execution Campaign" sollten nämlich die verdeckten Einsatzkräfte des Dienstes in den deutsch besetzten Gebieten innerhalb eines festgesetzten Monats Gestapo-Beamte, hohe SS-Offiziere und Kollaborateure töten. Um die psychologische Wirkung dieser Attentate zu erhöhen, würden den potenziellen Opfern zuvor Todesurteile zugesandt werden. Zu Beginn der Planungen war als Monat der Exekutionen ("Execution Month") der Oktober 1943 festgelegt worden.[41]

In den SOE-Akten zur Planung der konzertierten Aktion wird die Welrod-Pistole ab 17. Juni 1943 als zentrales Instrument zur Durchführung genannt:

> "Execution" Campaign.
> Preliminary discussion shows that there are considerable possibilities in organising a widespread "execution" campaign in occupied territories against Gestapo and S. S. officials.
>
> It is considered that to achieve the maximum effect it should be carried out simultaneously in all countries.
>
> It is suggested that as a start a certain month be declared an "execution" month. Sufficient time must be allowed for thorough preparation, for the necessary distribution of suitable weapons, and for the posting of death warrants.
> The Welrod appears to be the most suitable weapon, as it is silent and easily concealed. On present information the production situation is most unsatisfactory. 500 have been ordered, but there is no indication when they will be delivered.

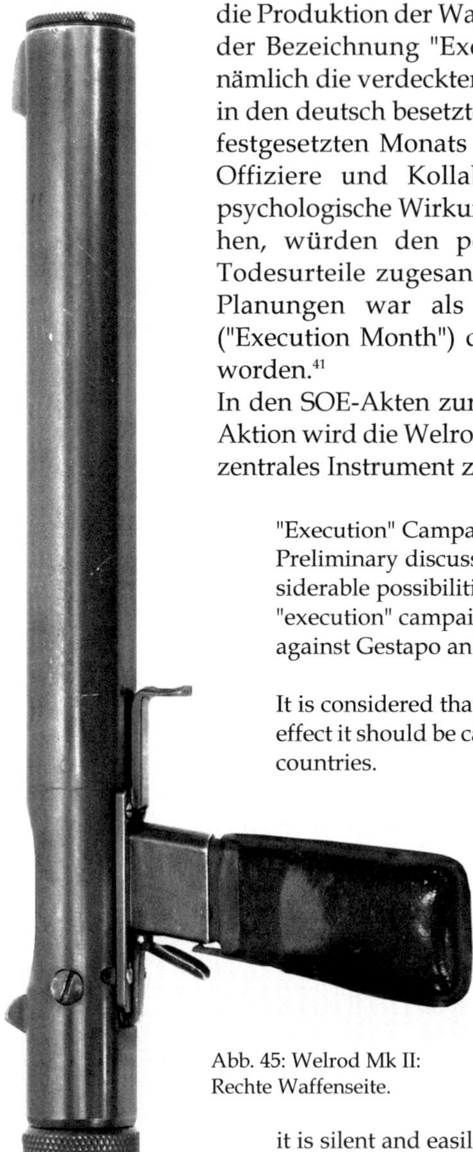

Abb. 45: Welrod Mk II: Rechte Waffenseite.

[40] Vgl. National Archives HS 7/286
[41] Vgl. National Archives HS 8/199

It might be best to declare September or October as the "execution" month. This would give time for preparation and would be a warning to the Germans as to what to expect during the long dark winter nights.

But a decision will depend on the Welrod situation and, until this is settled, the date cannot be communicated to the field.

Production of Welrods.
This will have to be accelerated if we are to carry out a campaign of "execution" in the near future.[42]

Mit dem Datum 22. Juni 1943 findet sich ein weiterer Eintrag zur "Execution" Campaign in der gleichen Akte der SOE:

OPERATIONS DIRECTORATE - "Execution" Campagne.
A concerted campaign against Gestapo & S.S. officials mainly by means of the Welrod. Target date for the campaign is 1. 10. 43.

OPERATIONS DIRECTORATE - "Execution" Campaign
Council considered a paper by AD/E recommending a concerted execution campaign against Gestapo and S.S. officials, mainly by means of the Welrod. AD/Z said that the total order for Welrods was 600, of which 100 were due for delivery in July and he could with reasonable certainty promise that these 100 would be available in August.

DECISIONS: -
(a) AD/E's proposal was approved but should be for the most part confined to civilian officials rather than soldiers; we should concentrate on Germans rather than on Quislings.

(b) SD/Z's total order for 600 was confirmed but AD/4 and D/Plans should ascertain the requirements of Far East and Middle East respectively.

(c) AD/Z should press forward production so as to ensure delivery of 100 Welrods by the end of August and at least 100 for every succeeding month.

(d) The target date for the campaign should be 1st October.[43]

[42] National Archives HS 8/199
[43] National Archives HS 8/199

Mitte Juni 1943 begannen also die Planungen für die "Execution Campaign". Am 22. Juni 1943 lag zwar bereits eine Bestellung für 600 Exemplare der neuen Welrod-Ausführung vor, davon konnte jedoch der Hersteller (wahrscheinlich BSA) im Juli und August jeweils nur etwa 100 Exemplare ausliefern. Auch für die Folgemonate konnte er keine höhere Produktionskapazität als 100 Welrods pro Monat garantieren. Entsprechend wurde der "Execution Month" immer weiter nach hinten verschoben.

Da bis heute keine größere Serie von gezielten Tötungen dieser Art in den besetzten Gebieten zurückzuverfolgen ist, muss davon ausgegangen werden, dass die Operation abgebrochen wurde. Vielleicht wurde den Planern bewusst, dass eine solche Aktion schreckliche Folgen für die Zivilbevölkerung in den jeweiligen Ländern haben würde, da die Deutschen vor Massenerschießungen und anderen Menschenrechtsverletzungen nicht zurückschreckten. Dies hatte bereits die Tötung des "Reichsprotektors von Böhmen und Mähren", Reinhard Heydrich, in Prag 1942 gezeigt. Sie hatte nicht nur willkürliche Massenverhaftungen und Folterungen zur Folge, sondern auch die Zerstörung der Ortschaften Lidice und Lesaky, bei der die Deutschen Tausende Einwohner brutal ermordeten.[44]

Abb. 46: Die Mündung der Welrod Mk II ist leicht hinterstochen, um ein enges Anliegen bei einem eventuellen aufgesetzten Schuss zu ermöglichen. Auf diese Weise hofften die Konstrukteure, die Schalldämpfung noch weiter verbessern zu können. Im Inneren des Dämpfers sind die ersten Prallscheiben zu erkennen.

[44] Vgl. Haasis 2002, S. 130 - 133

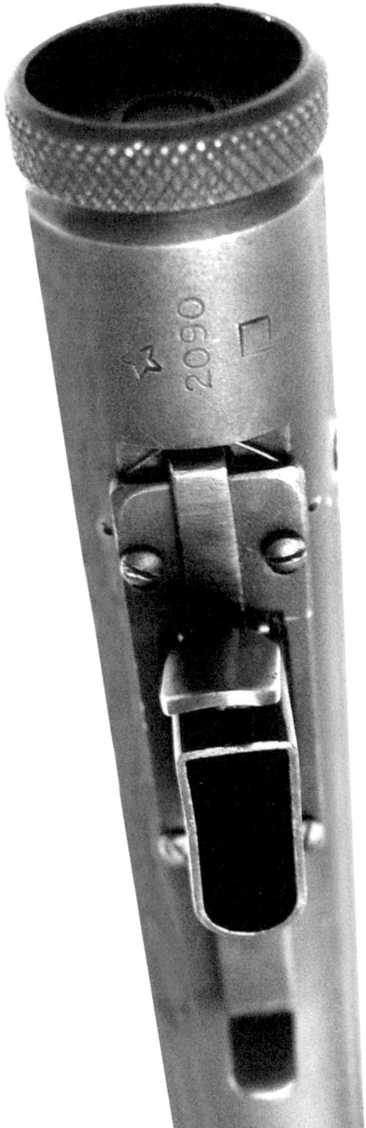

Abb. 47: Die Unterseite des Verschlussrohrs bei herausgenommenem Magazin. Gut sichtbar ist die Lage der Handballensicherung sowie die Befestigung des Magazinschachts.

Abb. 48: Durch den Magazinschacht ist die Unterseite des Verschlusszylinders zu erkennen.

Abb. 49: Bei geöffnetem Verschluss sind die Nuten für die Verriegelungswarzen zu erkennen. Die kleine Kugel auf der Rückfläche greift beim Schließen in die Rückseite der gerändelten Verschlussschraube ein.

Abb. 50: Welrod Mk II in der Draufsicht: Im Auswurffenster ist der Verschlusszylinder mit Ejektor zu sehen. Die Markierungsnuten an Verschlussoberseite und Spannknopf zeigen an, wann der Verschluss verriegelt ist. Die Kimme ist mit einer Radiumeinlage versehen.

Abb. 51: DieWelrod Mk II verwendet ein in Hartgummi eingegossenes Magazin der Colt-Pistole Modell 1903. An der Rückseite wurde eine Federklinke angebracht, die in eine entsprechende Aussparung im Magazinschacht eingreift.

Abb. 52: Die vordere Kammer des Welrod-Schalldämpfers ist mit einer Abfolge von Prallscheiben und Abstandhaltern gefüllt. Zur Wartung und Reinigung können sie mit einem Haken aus der Waffe gezogen werden. Foto: Paul Cornish.

Abb. 53: Die Prallscheiben des Welrod-Dämpfers bestehen aus Stahl, Leder oder dem abgebildeten Komposit-Material aus Hartgummi mit Zwischenlage aus Leinengewebe.

Welrod Mk IIa

Mit der Aufnahme der Serienproduktion wurden noch einige Veränderungen an der Welrod Mk II vorgenommen, die jedoch nur das Erscheinungsbild der Waffe betrafen. Diese modifizierte Version bezeichnet der offizielle Schriftverkehr als "Welrod Mk IIa". Das Korn ist nun ein wenig kürzer als zuvor und sitzt weiter hinten auf dem Mantelrohr des Schalldämpfers. Das Auswurffenster ist bei dieser Serienversion in geraden Flächen ausgefräst, statt wie zuvor halbrund, wohl um die Fertigung zu vereinfachen. Diesem Wunsch nach Vereinfachung fiel auch der kleine Stift, der die Verschraubung des Mantelrohrs mit dem Verschlussgehäuse beim Vorserienmodell sichert, zum Opfer. Dazu dient nunmehr nur noch ein Körnerschlag. Auch erfolgt die Befestigung des Magazinschachts am Verschlussrohr nun nicht mehr durch einen geraden Flansch, sondern durch zwei Seitenplatten, die zangenartig in Ausfräsungen eingreifen und dort verschraubt sind.

Abb. 54: Mit nur geringen Änderungen in die Serienfertigung: Welrod Mk IIa.

Wie sehr der Dienstgebrauch der Welrod-Pistole zu diesem Zeitpunkt bereits standardisiert war, zeigt sich an einem Benutzerhandbuch, das im November 1943 für die Waffe ausgegeben wurde. Besonders die darin explizit entworfenen Einsatzszenarien zeigen, für welche Art von Operationen sie dienen sollte und welche Beschränkungen im kampfmäßigen Gebrauch die ausgebenden Stellen bei der Waffe sahen.

"WELROD MARK II.A

Introductory Description.
The Welrod is a firearm specifically designed as a silent weapon. It is used with a two-handed grip, and the other hand gripping the barrel of the silencer in a convenient forward position. The trigger action is similar to a Colt automatic. Due to the high efficiency of the baffled silencer a shot fired at 50 yards is not recognisable as a shot from a firearm.

Operational Requirements.
The magazine may be charged with any number of cartridges from one to five. The charged magazine is inserted into the housing and the action is cocked by turning the breech operating handle in a clockwise direction until it fully engages the stop. The weapon is now ready to fire. When pressure is applied to the safety catch and the index finger is placed across the trigger and squeezed, the cartridge will be fired. To eject the empty shell and reload, repeat the action as described.

Technical Description.
The main features of the gun components are as follows:

(1) Calibre	.32"
(2) Ammunition	.32" Kynoch
(3) Muzzle velocity	900 ft. Per second
(4) Weight of gun	35 ozs.
(5) Overall length	12 ¼ "
(6) Length of magazine	4 ¼ "

(Magazine when fitted projects 3 3/8" from the body making overall maximum dimension of 5" from the bottom of the magazine to the top of the back sight.)

The breech mechanism is a bolt in which is mounted a direct spring controlled firing pin. The extractor, which is spring operated, is on the bolt head. The safety catch is situated at the rear of the magazine housing and is hand controlled. The sights are fixed and are sufficiently accurate to give 3" groups up to 10 yards range. The recommended operational range is 8 yards. The nose cap of the weapon is hollowed out to enable the operator to place it tightly against the body of a person and fire. The noise is then still further reduced. The sights are luminized to enable the weapon to be used at night once the firer is accustomed to the darkness.

Notes on use. - Operational use of the weapon.
The gun has two distinct and separate uses. The first is aimed deli-

berate shots in daylight or darkness. The effective range of the gun with the normal handling is 10 yards. For these deliberate shots, extreme accuracy is required. It can only be required by correct trigger squeeze, that is by a gradual squeeze of the whole hand. With training and practice it will be found quite possible to get very accurate groups at the distances mentioned.

The gun should be held with the thumb and forefinger of the left hand as close up to the muzzle as possible, the pistol grip being held by the right hand. For standing shots, the left elbow should be held as close to the body as possible and the rear of the gun should be approximately 6" from the operator's eye.

The other use of the weapon is at the closest of close quarters, in fact, with the muzzle against the target. For this purpose, there is no question of any special training.

Supply Position.
The supply of these weapons has already begun." [45]

Abb. 55: Die Befestigung des Magazinschachts am Verschlussgehäuse wurde bei der Welrod Mk IIa geändert.

[45] National Archives HS 7/48

Abb. 56: Welrod Mk IIa: Linke Waffenseite.

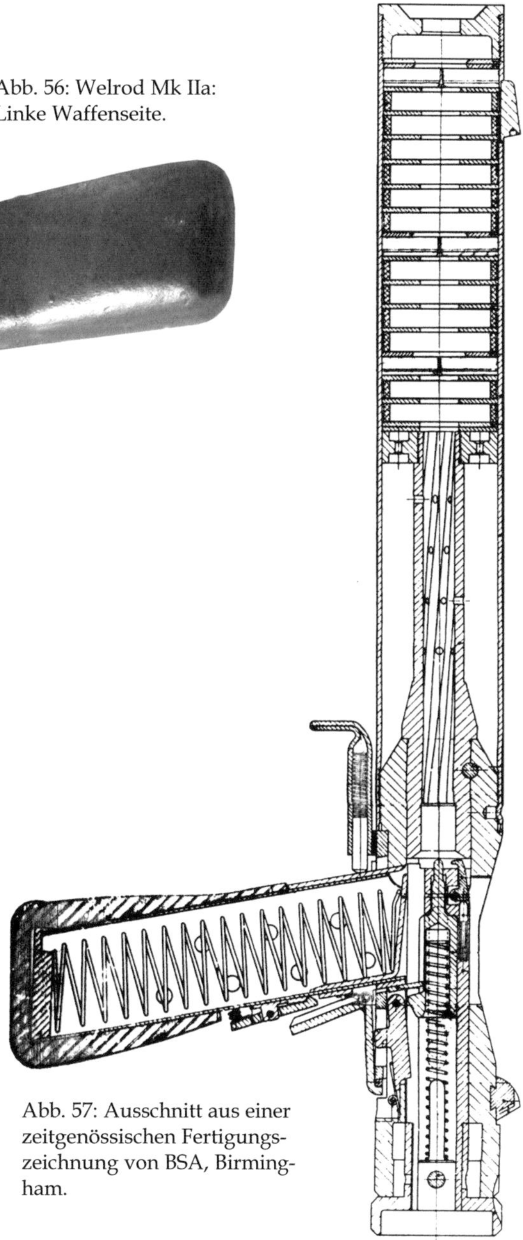

Abb. 57: Ausschnitt aus einer zeitgenössischen Fertigungszeichnung von BSA, Birmingham.

Die Stempelungen auf der Welrod Mk IIa entsprechen denen des Vorgängermodells Mk II. So sind die Seriennummern vierstellig gehalten, nur in Ausnahmefällen fünfstellig. Sie befinden sich jeweils an der Unterseite des Verschlussrohrs hinter dem Magazinschacht. Bei der Mk II verlaufen sie in Richtung der Längsachse der Waffe. Bei der Mk IIa sind die Nummern dann um 90 Grad versetzt.

Abb. 58: Die Seriennummer ist bei der Welrod Mk II in Längsrichtung eingestanzt.

Abb. 59: Die Lage der Seriennummer an einer Welrod Mk IIa.

Neben der Seriennummer findet sich an allen Waffen ein eingestanzter Stern sowie ein Quadrat. Die Bedeutung dieser zwei Markierungen ist bis heute nicht zweifelsfrei geklärt. Da jedoch an einem erhaltenen Prototyp der Mk IIa ebenfalls Stern und Quadrat eingestempelt sind und zwei jüngst entdeckte Original-Konstruktionszeichnungen den Stempel "B.S.A. GUNS LTD., England" tragen, gilt es als wahrscheinlich, dass der Stern das Markenzeichen von BSA darstellen soll. Dieses Emblem führte der Hersteller nämlich in seiner Motorradproduktion.[46]

Bei vielen Welrod-Pistolen ist die Seriennummer auch im Bereich der Magazinlippen eingeätzt. Der Sinn dieser Maßnahme ist unbekannt, schließlich handelte sich um Colt-Standardmagazine, die untereinander austauschbar waren. Bei frühen Exemplaren der Welrod Mk II

[46] Vgl. Thygesen 2009

und Mk IIa sind die letzten beiden Ziffern der Seriennummer ebenfalls seitlich an der Befestigung des Magazinschachts eingeschlagen. Dies entfiel jedoch im weiteren Verlauf der Fertigung.

Darüber hinaus sind bei vielen Waffen an der Rückseite des Verschlussrohrs, also der Auflagefläche des drehbaren Verschlussknopfes, einzelne Buchstaben wie "L", "F", "P" oder "T" eingeschlagen. Diese Buchstaben können von einem Kreis oder einer doppelten Raute

Abb. 60: Bei dieser Welrod Mk IIa ist ein "T" auf der Rückseite des Verschlussrohrs eingestempelt.

Abb. 61: Die letzten beiden Ziffern der Seriennummer sind auf dem Griffstück eingeschlagen.

Abb. 62: Auch der Stoßboden kann Markierungen aufweisen.

Abb. 63: Bei vielen Waffen findet sich die Seriennummer auch auf dem Drehknopf des Verschlusses.

Abb. 64: An diesem Magazin sind die beiden Endziffern der Seriennummer auf der Rückseite eingeschlagen.

Abb. 65: Dieses trägt die vollständige Seriennummer unterhalb der Magazinlippen.

umrahmt sein.[47] Auch am Stoßboden des Verschlussbolzens sind oft einzelne Buchstaben eingeschlagen. Die Bedeutung dieser Markierungen ist ebenfalls unbekannt, es könnte sich dabei jedoch um Prüf- oder Abnahmestempel handeln. Denn bei der Produktion der Welrod-Pistole war das BSA-Werk in Birmingham zwar federführend, beschäftigte jedoch auch viele kleinere Firmen als Zulieferer. Möglicherweise handelt es sich um Maßnahmen zur Qualitätssicherung.

Die immer vielfältigeren Einsatzerfahrungen brachten im Verlauf der Serienfertigung eine wesentliche Änderung im Aufbau des vorderen Schalldämpferteils mit sich. Bei der Mk II und den frühen Ausführungen der Mk IIa wurden die Dämpferscheiben und Distanzringe noch einzeln in das als Expansionskammer dienende Rohr eingesetzt. Zur Demontage wurde den Einsatzkräften ein hakenförmiges Instrument mitgeliefert, mit dem das Dämpfungspaket komplett zur Reinigung oder Wartung herausgezogen werden konnte (siehe S. 36, Abb. 26 und S. 63, Abb. 52).

Dies scheint in der Praxis zu Problemen geführt zu haben, denn besonders beim Entfernen der Scheiben musste der Benutzer sehr vorsichtig vorgehen, falls er diese weiter verwenden wollte. Pulverrückstände konnten sich im Inneren des Dämpfers festsetzen und damit

[47] Vgl. Thygesen 2009

die zerstörungsfreie Entnahme der Scheiben fast unmöglich machen. Weil die Waffe auch an Partisanengruppen abgeworfen wurde, die keine spezifische Ausbildung in ihrem Gebrauch erhalten hatten, mussten die Konstrukteure der SOE eine andere Lösung finden. Bei den späteren Ausführungen der Welrod Mk IIa wird deshalb der vordere Teil des Dämpfers als geschlossene Einheit ausgewechselt. Die Dämpferscheiben sind innerhalb eines dünnwandigen Messingrohrs zusammengefasst, das spielfrei in das Dämpferrohr eingeschoben werden kann.

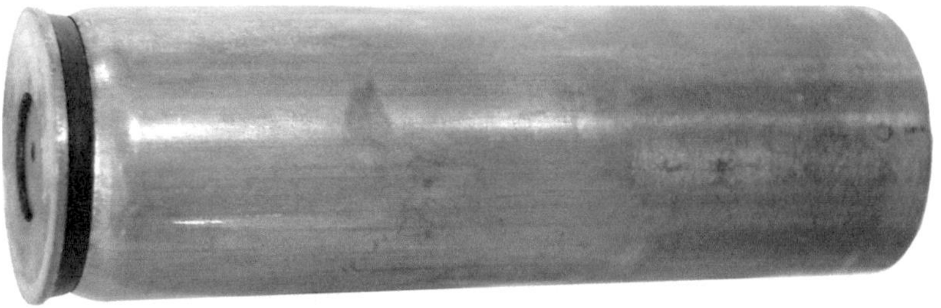

Abb. 66: Schalldämpfereinsatz für die Welrod Mk IIa. In dieser Einheit sind die Prallscheiben des vorderen Dämpferteils zusammengefasst.

Somit ist das Auswechseln von einzelnen, unter Umständen beschädigten Dämpferscheiben, oder auch nur das Reinigen, nicht mehr möglich. Der Dämpfereinsatz war nun als Wegwerfelement konzipiert, das innerhalb eines oder mehrerer Einsätze "verbraucht" wurde.

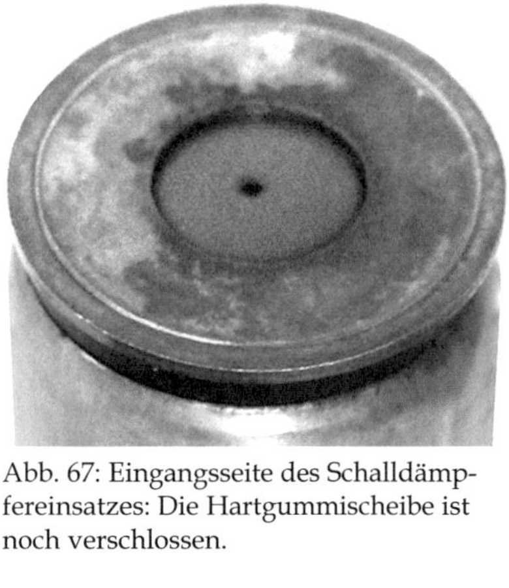

Abb. 67: Eingangsseite des Schalldämpfereinsatzes: Die Hartgummischeibe ist noch verschlossen.

Abb. 68: Mündungsseite des Schalldämpfereinsatzes: Auch hier keine Gebrauchsspuren.

Abb. 69: In diese drei Einzelteile ließ sich die Welrod Mk IIa unter feldmäßigen Bedingungen zerlegen.

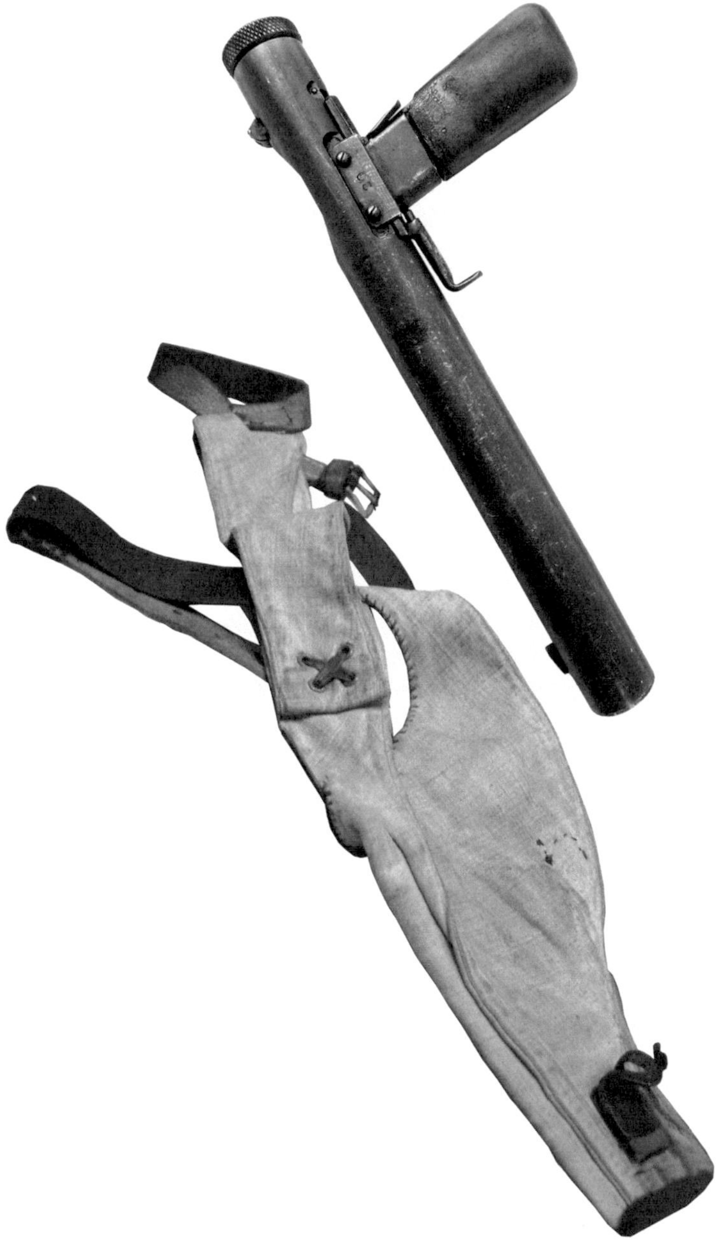

Abb. 70: Welrod Mk IIa mit passendem Schulterholster aus SOE-Beständen.

Welrod Mk I

Nach den ersten Erfolgen der .32er-Version der Welrod-Pistole wurde bald die Forderung nach einer Variante mit durchschlagkräftigerer Munition laut. Denn das Geschoss der ohnehin schon an der Leistungsuntergrenze rangierenden Patrone .32 Browning wurde durch die Expansionskammer im ersten Teil des Welrod-Dämpfers zusätzlich ausgebremst. Diesen Effekt machten sich die Konstrukteure der nachfolgenden Version im Kaliber 9 mm Parabellum zunutze. Um die deutlich im Überschallbereich liegende Geschossgeschwindigkeit der stärkeren Patrone zu reduzieren, legten sie den gesamten Dämpfer ihrer Neuentwicklung so aus, dass das Geschoss einen gelochten Lauf durchgleiten muss, während die nachfolgenden Treibgase in eine Expansionskammer austreten, wo sie sich verlangsamen und abkühlen können. Das Geschoss verlässt die Mündung der Waffe dann mit Unterschallgeschwindigkeit, erzeugt so keinen Geschossknall mehr, behält aber dennoch den größten Teil seines Penetrationsvermögens und damit seiner Mannstoppwirkung.

Abb. 71: Weiterentwicklung im Kaliber 9 mm Parabellum: Die Welrod Mk I.

Der Dämpfer der Welrod Mk I ist jedoch weiterhin zweiteilig ausgelegt. Der dem Patronenlager am nächsten liegende Teil ist mit dem der Mk II weitgehend identisch. Er besteht aus einer abgeteilten Expansionskammer, die den mit Lochreihen versehenen Lauf umschließt. Der zweite Teil des Dämpfers ist nun nicht mehr mit den Prallscheiben des Maxim-Prinzips ausgestattet, sondern mit einer weiteren Expansionskammer, durch die ein dünnwandiges, gelochtes Laufrohr führt. Lediglich davor und dahinter finden sich die schon bekannten, kreuzweise geschlitzten Scheiben aus Hartgummi bzw. Filz, die den Erstschusseffekt verringern sollen. Die zweite Kammer ist abschraubbar, sodass die Waffe theoretisch auch nur mit dem "halben" Dämpfer verwendet werden könnte. Dies wird in der Praxis jedoch selten vorgekommen sein, weil so keine wirksame Schalldämpfung mehr erfolgt. Sicherlich wurde der Schalldämpfer nur deshalb zerlegbar ausgeführt, um die einzelnen Teile der Waffe besser verdeckt transportieren zu können.

Abb. 72: Der vordere Teil des Schalldämpfers ist bei der Welrod Mk I abschraubbar.

Schussversuche mit der Welrod Mk I ergaben mit abgenommenem vorderem Dämpferelement einen Geräuschpegel von 131 db. Mit der aufgesetzten zweiten Dämpferkammer wurde der Schussknall bei noch geschlossenen Gummischeiben auf rund 120 db reduziert. Nachfolgende Schüsse durch die bereits geöffneten Gummischeiben erzeugten einen etwas stärkeren Geräuschpegel von durchschnittlich 124 db.[48]

Abb. 73: Der vordere Dämpferteil ist bei diesem Exemplar noch werkseitig versiegelt.

Innerhalb des aufschraubbaren zweiten Dämpferteils war die Expansionskammer in Form eines auswechselbaren Dämpfereinsatzes eingeschoben. Diese Kammer war somit als Verschleißteil ausgelegt und

[48] Vgl. Skochko, Greveris 1968, S. 66 - 72

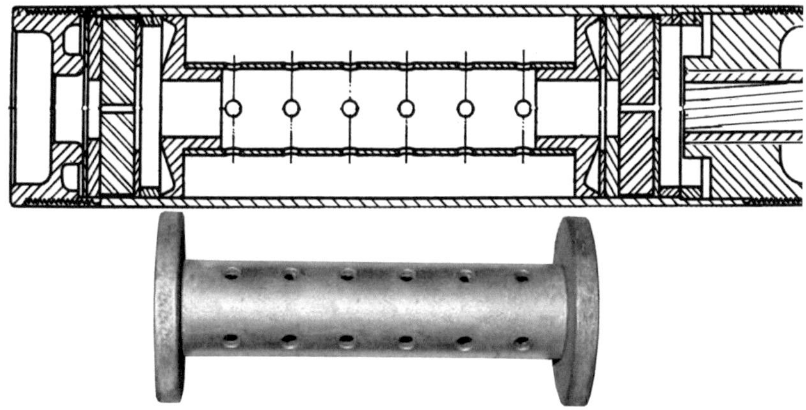

Abb. 74: Auswechselbares Dämpferelement der vorderen Expansionskammer einer Welrod Mk I.

konnte als Modul ausgewechselt werden. Diese erleichterte Reinigungs- und Wartungsmöglichkeit brachte eine geänderte Gestaltung der Mündungskappe mit sich. Entsprach der vordere Schraubverschluss des Mk I-Schalldämpfers bei frühen Ausführungen noch im Wesentlichen der Mk IIa-Variante, so erhielt sie im Verlauf der Serienfertigung eine Nut. Diese erlaubte den Einsatz einer Messerklinge oder Ähnlichem, um die möglicherweise festsitzende Kappe zu lösen.

Abb. 75: Die Mündungskappe einer Welrod Mk I der ersten Baureihen: Lediglich eine feine Riffelung am Rand erleichtert dem Schützen das Abschrauben per Hand. Über der Mündung klebt bei diesem Exemplar noch das werkseitige Siegel.

Abb. 76: Im späteren Verlauf der Fertigung ist die Mündungskappe der Mk I mit einer Nut versehen, die es erleichtert, sie unter feldmäßigen Bedingungen zu lösen. Auch bei dieser Waffe finden sich um die Mündung noch Reste der Versiegelung.

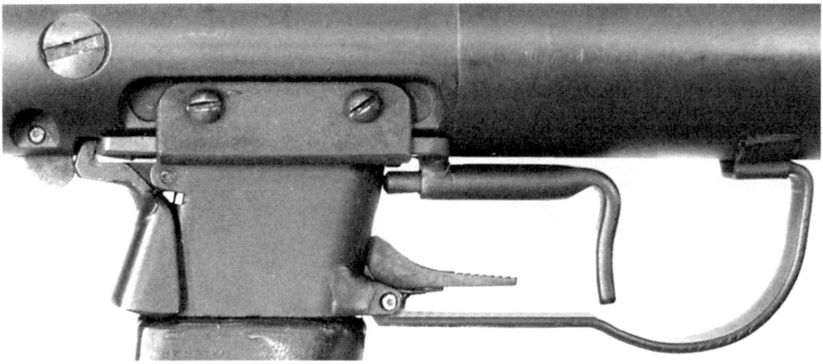

Abb. 77: Der Abzugsbügel hilft die Welrod Mk I auf den ersten Blick von den Modellen im Kaliber .32 zu unterscheiden. Er ist groß genug, um eine sichere Bedienung der Waffe auch mit Handschuhen zu gewährleisten. Der Magazinhalter ist nun unterhalb des Abzugs angeordnet und damit besser vor versehentlichem Auslösen geschützt als bei den Vorgängermodellen.

Viele Merkmale der Welrod Mk I weisen darauf hin, dass bei ihrer Entwicklung Einsatzerfahrungen ausgewertet wurden. Am auffälligsten zeigt sich dies an dem nunmehr vorhandenen Abzugsbügel. Der zuvor völlig frei zugängliche Minimalabzug mag im Stress einer verdeckten Operation dazu geführt haben, dass es häufiger zum ungewollten Auslösen der Waffe kam. Von ähnlichen Problemen zeugt auch die umgestaltete Handballensicherung, die nunmehr deutlich breiter und damit griffiger geformt ist. Zuvor war es, besonders mit Handschuhen, leicht möglich, die Waffe zwar fest in der Hand zu halten, die Handballensicherung aber dennoch nicht zu lösen. Mit einem

Abb. 78: Die Handballensicherung ist bei der Welrod Mk I ergonomischer geformt als bei den Vorgängermodellen.

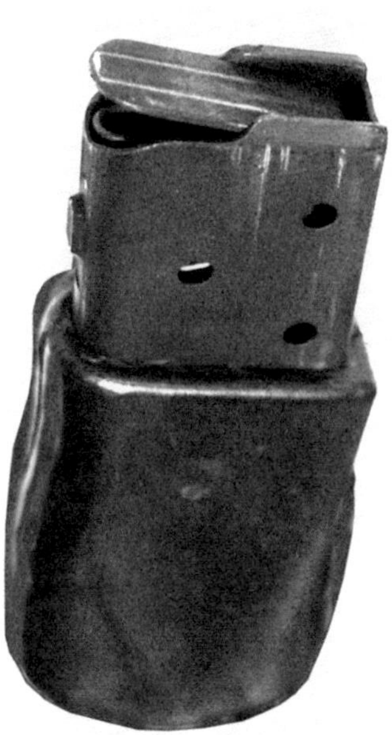

Abb. 79: Das Magazin der Mk I: An der Vorderseite ist ein kleines Metallstück angelötet, in das der geänderte Magazinhalter eingreift.

Abb. 80: Die Seriennummer ist bei der Welrod Mk I ähnlich positioniert wei bei der Mk IIa. Auch Stern und Quadrat finden sich an gleicher Stelle.

zusätzlichen Hebel, der an der Waffenunterseite direkt hinter der Handballensicherung liegt, kann der Schütze diese auf Wunsch blockieren. Dies dient als zusätzlicher Schutz vor dem ungewollten Auslösen der Waffe.

Auffällig ist auch die geänderte Entriegelung für das Magazin. Sie liegt nun innerhalb des Abzugsbügels und kann so auf keinen Fall mehr versehentlich gelöst werden. Bei der zuvor vorhandenen Taste im Bereich der Handballensicherung hatte dies schnell passieren können. Die Folgen waren in diesem Fall fatal, denn damit löste sich der Griff von der Waffe.

Das Magazin der Welrod Mk I hat eine Kapazität von sechs Patronen, statt lediglich fünf bei der .32er-Version. Die Gesamtlänge der 9 mm-Welrod beträgt 365,125 mm, bei einem Gewicht von 1545 g. Im Vergleich dazu beträgt die Gesamtlänge der Welrod Mk IIa 311,15 mm und das Gewicht 992,2 g.

Wie es zur Bezeichnung "Mk I" für eine der "Mk II" und "Mk IIa" nachfolgende Variante kam, ist nach wie vor ungeklärt. Da die Mk I auch in größeren Stückzahlen in den USA gefertigt wurde, ist die Ansicht verbreitet, dass es die erste Variante aus US-Sicht war, die Waffe also in den USA konstruiert wurde. Anhand von überlieferten Konstruktionszeichnungen mit dem Stempel der Birmingham Small Arms Company (BSA) ist jedoch belegbar, dass die 9 mm-Variante zuerst in

Abb. 81: Welrod Mk I: linke Waffenseite.

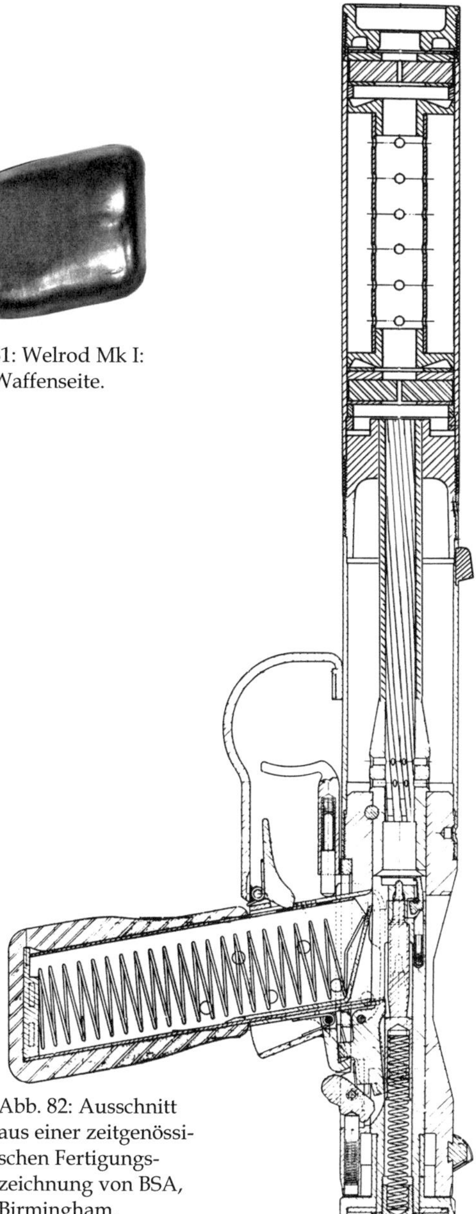

Abb. 82: Ausschnitt aus einer zeitgenössischen Fertigungszeichnung von BSA, Birmingham.

Großbritannien konstruiert und gebaut wurde. Für die britische Entwicklungsreihenfolge lässt sich mit Sicherheit sagen, dass zuerst das "Modell 1", dann die "Mk II" und schließlich die "Mk IIa" entstand. Erst im Anschluss erdachten die Konstrukteure die 9mm-Version. Vielleicht liegt die nicht nachvollziehbare Modellbezeichnung in der unbürokratischen Vorgehensweise der SOE-Entwicklungsstationen IX und XII begründet. Eine weitere Möglichkeit wäre, dass die Verantwortlichen in der 9mm-Version den Anfang einer ganz neue Baureihe sahen, die dann natürlich bei "Mk I" starten musste.

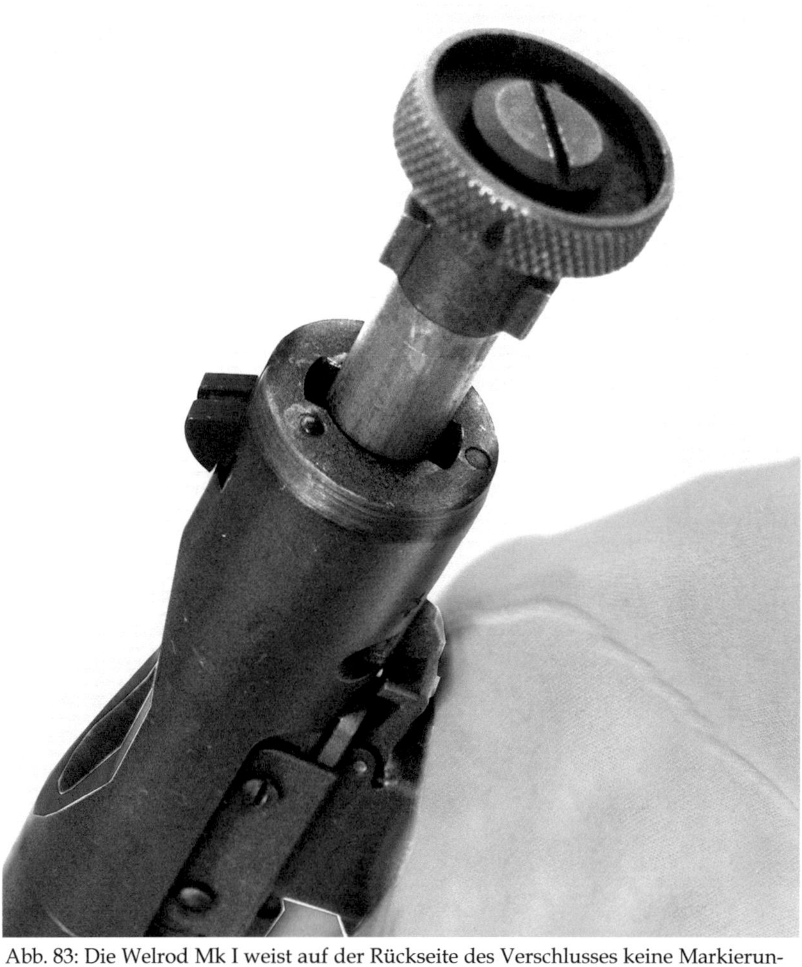

Abb. 83: Die Welrod Mk I weist auf der Rückseite des Verschlusses keine Markierungen auf.

Eine der hier gezeigten Waffen trägt noch die von der Herstellerfirma BSA angebrachten Siegel aus Metallfolie an Ein- und Ausgang des aufschraubbaren zweiten Schalldämpferelements (Seriennummer 25553). Sie entstammt einem 1983 in den Niederlanden entdeckten Waffendepot der geheimen NATO-Guerillaorganisation "I&O" ("Intelligence & Operations"). Dies war der niederländische Teil eines europaweiten Netzwerkes, das Anfang der 1990er-Jahre unter dem Namen "Gladio" seines italienischen Ablegers bekannt wurde. Die Organisation sollte im Fall eines Einmarsches sowjetischer Truppen im jeweiligen Land verbleiben und dort eine Widerstandsbewegung aufbauen helfen. In nahezu allen westeuropäischen Staaten konnten derartige Netzwerke ermittelt werden. Sie standen in vielen Fällen außerhalb parlamentarischer Kontrolle und waren oft in kriminelle und terroristische Aktivitäten verwickelt.[49]

Auch im neutralen Österreich hatte das Netzwerk einen Ableger, der unter dem Tarnnamen "ÖWSGV" ("Österreichischer Wander-, Sport- und Geselligkeitsverein") aktiv war. Als 1996 in Österreich insgesamt 62 Waffendepots der illegalen Organisation gefunden wurden, konnte die österreichische Bundespolizei darin auch einige Schalldämpferpistolen Welrod Mk I sicherstellen. Sie waren, wie die anderen eingelagerten Waffen und Ausrüstungsgegenstände, vom US-Geheimdienst CIA dort Anfang der 1950er-Jahre deponiert worden. Dennoch stammen die Welrods, ebenso wie das in den Niederlanden gefundene Exemplar, aus britischer Produktion, wie der eingeprägte Stern des Herstellers BSA beweist.[50]

[49] Ganser 2008, S. 241 - 257
[50] Ortner 1998, S. 82

Ärmelpistole Sleeve Gun

Die Welrod-Pistole war in erster Linie als Waffe für gezielte Tötungen entworfen worden. Dies zeigt sich daran, wie eng ihre Entwicklung mit den Planungen zum "Execution Month" verknüpft war. Auch war für regelrechte Kampfeinsätze oder Feuergefechte bei dem verhältnismäßig schwachen Kaliber .32 Browning, bedingt durch den manuellen Repetiervorgang, die Feuergeschwindigkeit zu gering.

Die Einsatzerfahrungen mit der Welrod werden gezeigt haben, dass die Schützen bei eventuellen gezielten Tötungen selten mehr als einen Schuss abgegeben haben. Denn Ende 1943 begann die SOE einen Nachfolger zu entwickeln, bei dem das Nachladen während des Einsatzes nicht mehr vorgesehen war. Entsprechend waren die Abmessungen der Waffe deutlich kleiner, weshalb sie sich besser verbergen ließ. Warum man sich dabei ausgerechnet auf den Ärmel als Versteck festlegte, ist heute nicht mehr feststellbar. Jedenfalls taucht der eigentliche Projektname "WELWAND" ("WEL" = Vorsilbe des Entwicklungsortes Welwyn, "WAND" = engl. "Zauberstab") nur selten im offiziellen Schriftverkehr auf. Fast ausschließlich wird zur Bezeichnung der Waffe der Name "Sleeve Gun" verwendet.

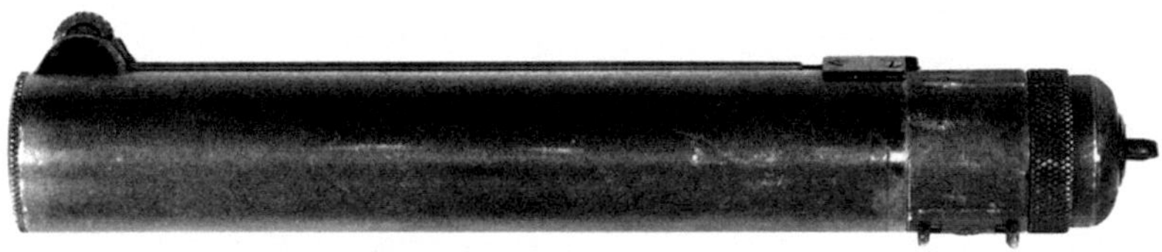

Abb. 84: Die Sleeve Gun, linke Waffenseite.

Da sie bei der Welrod-Pistole eine sehr wirksame Schalldämpfung erzielt hatten, begannen die SOE-Konstrukteure ihre Versuche, eine Ärmelpistole zu konstruieren, auf deren Basis. Die Ähnlichkeit der Sleeve Gun Mk II mit der Welrod-Pistole besteht nicht nur äußerlich. Das Schalldämpferrohr umschließt in einer ersten Expansionskammer einen längs gelochten Lauf, der in einer dicht abschließenden Trennscheibe in eine zweite Kammer mündet. Hier durchfliegt das Geschoss dann insgesamt neun metallene Prallbleche, zwischen denen an drei Stellen geschlossene Hartgummischeiben eingelegt sind. Somit haben die SOE-Konstrukteure hier ganz eindeutig wieder das bewährte Konzept des "Welsilencers" umgesetzt.

Abb. 85: Der Verschluss ist bei der Sleeve Gun auf die Lauf-Schalldämpferkombination aufgeschraubt.

Der Verschluss der Sleeve Gun ist jedoch völlig anders als bei der Welrod konzipiert. Zum Laden schraubt der Schütze den Verschlussblock vom Lauf ab und schiebt eine Patrone in die Nut am Stoßboden ein. Dieser ist so ausgeformt, dass er den Halbrand der Patrone .32 Browning aufnehmen kann. Da die Waffe über keinen anderen Auswerfer verfügt, ist somit gewährleistet, dass nach dem Schuss die Patronenhülse wieder aus der Waffe gezogen werden kann.

Anschließend schraubt der Schütze den Verschlussblock mit aufgesetzter Patrone wieder in das Laufende ein. Damit sich das recht leichtgängige Gewinde beim Tragen nicht öffnen kann, rastet beim Festziehen ein gefederter Stift in den Laufmantel ein. Dieser kann durch das Betätigen einer Klinke an der Verschlussunterseite wieder gelöst werden. Eine baugleiche Federklinke verriegelt auch das Gewinde der Verschlussendkappe.

Abb. 86: Die Patrone wird in den Stoßboden des Verschlusses eingeschoben.

Dieses benötigt der Schütze, um den Schlagbolzen zu spannen. Dazu muss er die Endkappe bis zum Anschlag herausschrauben. Damit sich dabei das rechtsläufige Verschlussgewinde auch bei Versagen des Federstiftes nicht löst, ist das "Spanngewinde" als Linksgewinde ausge-

Abb. 87: Verschlussblock mit aufgeschraubter Spannvorrichtung. Die beiden Federklinken zur Sicherung der Gewinde sind gut zu erkennen.

legt. Schraubt der Schütze die Endkappe wieder in den Verschluss ein, verbleibt der Schlagbolzen in der Spannrast und die Waffe ist schussbereit. Eine Sicherung ist nicht vorhanden.

Abb. 88: Die Mündung der Sleeve Gun mit darüberliegendem Abzug. An der noch unbeschädigten Hartgummischeibe ist zu erkennen, dass dieses Exemplar noch nie abgefeuert wurde.

Bereits bei der Welrod-Pistole war bei der Konstruktion des Schalldämpfers das Hauptaugenmerk darauf gelegt worden, dass der erste Schuss, der aus der Waffe abgefeuert wurde, besonders gut gedämpft wurde. Darauf deuten die verwendeten geschlossenen Gummischeiben hin, durch die sich das erste Geschoss zunächst einen Weg bahnen musste. Auch war bei den frühen Welrod-Modellen das Reinigen oder die Wartung des Schalldämpfers sehr kompliziert und deshalb fraglich, ob diese Arbeit im Rahmen eines

Abb. 89: Ansicht von oben auf die Abzugseinrichtung.

Abb. 90: Die rechte Seite der Waffe.

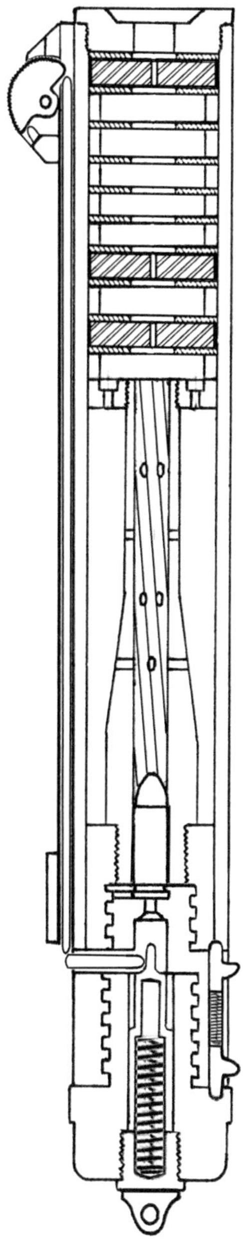

Abb. 91: Die Sleeve Gun im Schnitt.

mehrere Tage oder gar Wochen dauernden Einsatzes überhaupt vorgesehen war. Die später in einem Messingzylinder zusammengefassten und damit als "Wegwerfeinheit" konzipierten Dämpfereinheiten deuten ebenfalls darauf hin.

Bei der Sleeve Gun ist nun endgültig nicht mehr vorgesehen, dass das Innere des Schalldämpfers durch den Schützen gereinigt wird oder gar Dämpferelemente ausgewechselt werden. Denn die Zerlegung ist ohne Spezialwerkzeug nicht möglich und somit Werkstattarbeit. Wieder sorgen mehrere zunächst geschlossene Gummischeiben dafür, dass besonders der erste Schuss geräuscharm ist. Ein von der US-Armee im Jahr 1968 durchgeführter Praxistest ergab für den ersten Schuss durch geschlossene Gummischeiben ein maximales Schussgeräusch von 120 db. Die folgenden Schüsse durch die bereits geöffneten Gummischeiben wurden nur noch auf rund 126 db gedämpft.[51]

Auch der SOE-Ausrüstungskatalog von 1944 beschreibt die Beschaffenheit und den Einsatzzweck der Waffe sehr zutreffend:

> "SLEEVE GUN
> Description.
> Like the Sleeve Gun Mk. I the Mk. II is a short length, silent murder weapon, firing 0-32 inch ammunition. It is a single shot weapon designed for carriage in the sleeve with the trigger near to the muzzle to aid unobtrusive firing when the gun is slid from the sleeve into the hand. The gun is intended for use in contact with the target, but may be used at ranges up to about three yards; the silencing element can not be removed for replacement since the gun is not intended for prolonged use.
>
> The gun is fitted at the rear end with a ring to which the carrying lanyard can be attached.
>
> In appearance the main difference between the Sleeve Gun Mks. I and II, is in the cocking tube of the Mk. I, which runs parallel to the main cylinder of the gun for its whole length; the depth of the weapon is thus near to its maximum value of 1 ¾ inches throughout the length of the gun. The Mk. II has no cocking tube and the only considerable protuberance from the main cylinder is the trigger; except for the foremost inch of the gun, the depth is therefore little more

[51] Vgl. Skochko, Greveris 1968, S. 59 - 60

> than the cylinder diameter of 1 ¼ inches. As a result, the Mk. II is a slimmer weapon than the Mk. I and much neater in appearance.
>
> Method of use.
> The gun is carried up the sleeve until required, it is then slid into the hand and the muzzle pressed against the victim, at the same time operating the trigger with the thumb. After use, the gun returns to its position up the sleeve and all evidence such as the empty case is retained in the gun.
>
> Dimensions.
> Overall length 8 ¾ "
> Diam. 1 ¼ "
>
> Weight.
> 26 ozs."[52]

Es fällt auf, dass die Sleeve Gun hier ganz explizit als "silent murder weapon" ("schallgedämpfte Mordwaffe") bezeichnet wird. Der Text über die Welrod-Pistole ist in der gleichen Publikation um einiges zurückhaltender formuliert. Auch in der Beschreibung des Einsatzes auf Nahdistanzen wird der Gegner statt zuvor als "target" nun ganz offen als "victim" tituliert. Von der in dem SOE-Text erwähnten Sleeve Gun Mk I liegen heute weder Zeichnungen noch erhaltene Exemplare vor. Daher ist davon auszugehen, dass sie über ein Prototypenstadium nicht hinausgekommen ist. Da die einzige offizielle Beschreibung der Waffe in dem oben zitierten Eintrag des SOE-Ausrüstungskataloges von 1944 zu finden ist, wird sie an dieser Stelle auch in deutscher Übersetzung wiedergegeben:

> "Die Hauptunterscheidungsmerkmale der Sleeve Gun Mk I und Mk II liegen in dem Spannrohr der Mk I, das parallel zum Hauptzylinder über die gesamte Länge verläuft. Die lichte Breite der Waffe beläuft sich dadurch auf einen Maximalwert von 1 ¾" (44,5 mm). Die Mk II hat kein Spannrohr und die einzige nennenswerte Erhebung aus dem Hauptzylinder ist der Abzug. Außer in ihrem vordersten Bereich bestimmt somit der Durchmesser des Hauptzylinders die Gesamtbreite mit 1 ¼" (32 mm). Daraus resultiert, dass die Mk II eine deutlich schlankere Waffe ist und außerdem sehr viel gefälliger aussieht."

[52] Vgl. National Archives HS 7/47

Möglicherweise wurde die Sleeve Gun Mk I von einem früheren Projekt der Station IX inspiriert. Denn bereits im Jahr 1941 hatten die Ingenieure der SOE Überlegungen angestellt, wie ein im Ärmel verborgenes schallgedämpftes Tötungswerkzeug aussehen müsste. Ihre damaligen Versuche ergaben eine Schalldämpferwaffe, die auf einem Schießstift im Kaliber .22 lr basierte. Diese als billiger Füllfederhalter getarnte Minimalwaffe war in der Station IX unter dem Namen "WELPEN" entwickelt worden (siehe Abb. 1).[53] Mit einem Schalldämpfer versehen war die Waffe dann rund 30 cm lang und konnte, an einem Schulterriemen hängend, gerade noch im Ärmel verborgen werden. Offensichtlich hatten die Entwickler das schlanke Erscheinungsbild des Schießstiftes beibehalten wollen. Deshalb mussten sie, um dem Dämpfungselement das nötige Volumen zu verleihen, die Waffe verhältnismäßig lang auslegen. Von dem schallgedämpften "WELPEN" ist heute nur noch ein Prototyp erhalten.[54]

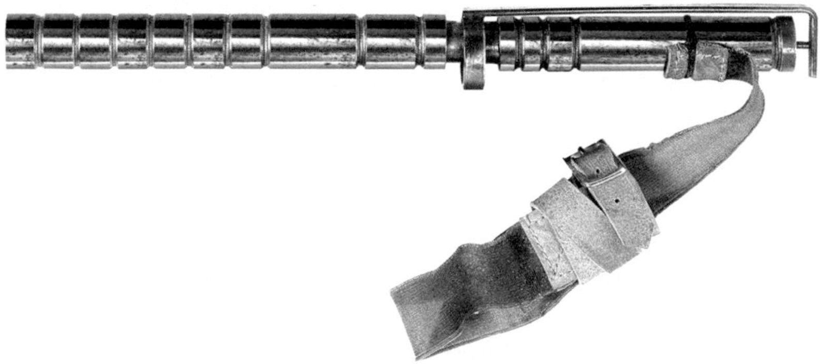

Abb. 92: Der Prototyp des schallgedäpften "WELPEN". Mit rund 30 cm Länge war die Waffe zu unhandlich.

Über einen Einsatz der Sleeve Gun während oder nach dem Zweiten Weltkrieg ist nichts bekannt. Wahrscheinlich ging sie zu spät im Jahr 1944 in Serienfertigung, um bei dem nunmehr raschen Vormarsch der Alliierten noch sinnvoll zum Einsatz zu kommen. In der SOE-Akte zur Tätigkeit ihrer Entwicklungsstation IX (siehe Abb. 1) wird die Sleeve Gun jedenfalls am 14. September 1944 unter den "In Production" ("In Produktion") befindlichen Gegenständen geführt. In welchen Stückzahlen dieses Mordwerkzeug gefertigt wurde und ob es nach dem Krieg in Staatsdiensten noch zum Einsatz kam, unterliegt offen-

[53] Vgl. Boyce 2003, S. 109
[54] Vgl. Ladd, Melton, Mason 1988, S. 36

sichtlich immer noch der Geheimhaltung, denn Informationen darüber sind nicht zugänglich. Von der Sleeve Gun sind deshalb heute nur wenige Exemplare erhalten oder zumindest der Öffentlichkeit zugänglich. Zwei davon sind in der Sammlung des ehemaligen "Ministry of Defence Pattern Room" enthalten, die heute im National Firearms Center im englischen Leeds untergebracht ist. Sie tragen die Nummern "0|1" und "1|1". Eine weitere befindet sich im Besitz des Imperial War Museum in London. Sie trägt die Nummer 8|1. Der Mittelstrich zwischen den Ziffern besteht jeweils aus dem Markierungsstrich, der beim Verschlussgewinde den Punkt markiert, an dem der gefederte Sicherungsstift einrastet. Ob es sich bei den Ziffern um Seriennummern handelt, ist unklar.

An den drei hier untersuchten Exemplaren der Sleeve Gun findet sich ein interessanter Fertigungsunterschied. Am Verschlussteil der Waffen ist die Halteplatte über den gefederten Verriegelungsstiften mit zwei Schrauben befestigt. Am Exemplar mit der Nummer "0|1" liegen diese weiter auseinander als bei den Waffen mit den Nummern "1|1" und "8|1". Auch sind die Schieber der Stifte bei erstgenannter Ausführung gerade und bei den beiden letzteren konkav ausgebildet. Es könnte sich als bei der ersten Waffe um ein handgefertigtes Vorserienmodell und bei den zwei weiteren um Exemplare einer Serienfertigung handeln, für die dann bereits Lehren und entsprechende Werkzeuge vorhanden waren. Somit muss, trotz der wenigen bekannten Exemplare, eine Anzahl dieser Waffen gefertigt worden sein.

Abb. 93: Die Seriennummer 0 | 1 des mutmaßlichen Vorserienmodells der Sleeve Gun.

Abb. 94: Die Schrauben der Halteplatte liegen hier weit auseinander. Die Schieber der Sicherungsstifte sind flach ausgeführt.

Abb. 95: Hierbei könnte es sich um ein Serienmodell handeln: Sleeve Gun mit der Seriennummer 8 | 1.

Abb. 96: Hier liegen die Schrauben dicht beieinander und die Schieber der Sicherungsstifte sind an der Innenseite konkav gestaltet.

Sten Mk II (S)

Neben den bereits vorgestellten schallgedämpften Faustfeuerwaffen, die aufgrund ihrer Bauweise und Funktion eher für gezielte Liquidationen tauglich scheinen, suchte die SOE auch nach einer geräuscharmen Kampfwaffe. Denn Überfälle mit Schusswaffeneinsatz auf feindliche Wachtposten oder Patrouillen riefen oft in kürzester Zeit Verstärkungen herbei. Diese konnten die meist in Kleingruppen agierenden Agenten oder Widerstandsgruppen in tödliche Gefahr bringen.

Im August 1942 erdachte deshalb der polnische Leutnant Kulikowski, der zu dieser Zeit an der SOE-Entwicklungsstation Station IX eingesetzt war, einen Schalldämpfer für die Sten Maschinenpistole Mk II.[55] Diese Waffe trat gerade ihren Siegeszug als Standardbewaffnung der britischen Armee an und war auch bei den Agenten der SOE sehr beliebt. Letztere schätzten besonders die Möglichkeit, sie mit wenigen Handgriffen zerlegen und damit besser verbergen zu können. Da sie sehr preisgünstig in der Herstellung war, konnten die Alliierten im weiteren Kriegsverlauf Tausende Exemplare über den besetzten Gebieten abwerfen und die dortigen Widerstandsgruppen dadurch mit wirksamer Feuerkraft versehen.

Abb. 97: Frühes Exemplar der Sten Maschinenpistole Mk II (S).

Da das Verschlussgehäuse der Sten, ähnlich wie bei der Welrod-Pistole, aus einem einfachen Stahlrohr besteht, ließ es sich sehr gut mit dem Rohr des Schalldämpfers verbinden. Die Waffe blieb sehr kompakt in ihrer Erscheinung, bei einer Gesamtlänge von 946 mm wog sie nur 850 Gramm. In den ersten Testberichten wird erwähnt, dass sich

[55] Vgl. Boyce 2003, S. 106f

Abb. 98: Die Sten Maschinenpistole war für die Anbringung eines Schalldämpfers sehr gut geeignet.

die somit kopflastigere Waffe im Feuerstoß wesentlich besser beherrschen ließ als die ungedämpfte Variante und der Schütze sie im Deutschuss aus der Hüfte besser kontrollieren konnte. Die Leistung des Kulikowski-Dämpfers wurde jedoch zunächst als verbesserungswürdig eingestuft. Dies lag weniger an der Dämpfungsleistung, die die Tester als hinreichend empfanden. Kritisiert wurde die zu große Länge des Dämpfers und die zu geringe Durchschlagkraft der verfeuerten Munition. Die Geschossgeschwindigkeit der 9mm Parabellum-Patrone lag eigentlich im Überschallbereich. Dies war der Grund, warum der Schalldämpfer die Geschossgeschwindigkeit verringern musste. Offenbar nahm es die Kulikowski-Konstruktion damit etwas zu genau und verlangsamte das Geschoss so stark, dass auf größere Entfernungen die Durchschlagskraft und Mannstoppwirkung nicht mehr hinreichend waren.[56]

Abb. 99: Der Ansatz des Kulikowski-Dämpfers zum Verschlussgehäuse.

[56] Vgl. National Archives WO 185/144

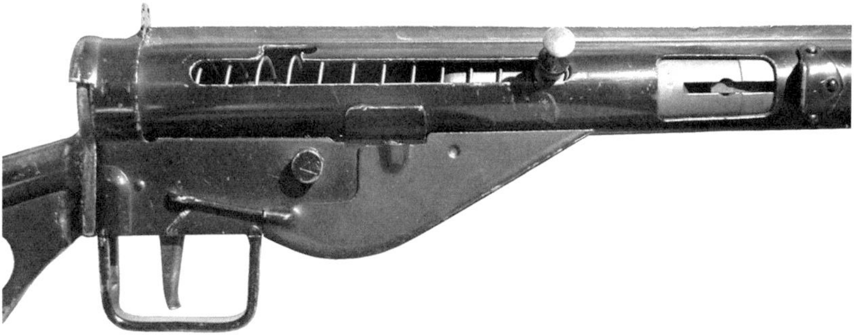

Abb. 100: Bei aufgesetztem Schalldämpfer musste der Verschlussweg begrenzt werden.

Auch zeigte sich bei den ersten Prototypen, dass, anders als bei den bereits vorgestellten Selbstladepistolen mit nachträglich angebrachten Schalldämpfern, die automatische Funktion durchaus noch gegeben war. Leider schossen die Waffen nach dem ersten Betätigen des Abzugs das gesamte Magazin im Dauerfeuer leer, ohne dass der Schütze eine Möglichkeit hatte, den Feuerstoß zu stoppen. Der Grund lag darin, dass sich, wie bei den umgebauten Selbstladepistolen, durch den Schalldämpfer ein verringerter Gasdruck aufbaute. Dieser reichte gerade noch aus, den Verschlussblock so weit nach hinten zu stoßen, dass die abgefeuerte Patronenhülse ausgeworfen und eine neue Patrone aus dem Magazin zugeführt wurde. Der Verschlussblock konnte jedoch nicht mehr den vorgesehenen hinteren Totpunkt erreichen, wo er vom Abzugsstollen in der gespannten Position aufgefangen worden wäre.

Ein Offizier von der Royal Small Arms Factory in Enfield, die die schallgedämpfte Sten herstellte, fand jedoch eine sehr einfache Abhilfe für das Problem. Er legte im Verschlussgehäuse am Laufende eine große Unterlegscheibe ein, um so den Verschlussweg von vornherein zu begrenzen. Die Probleme wurden in der späteren Serienfertigung dauerhaft gelöst, indem die Masse des Verschlussblocks reduziert und zugleich die Schließfeder leicht gekürzt wurde. Die SOE begann sogleich, diese Version der Waffe in ihrer Station XII zu produzieren und so den dringendsten Bedarf zu decken. Parallel dazu setzte Kulikowski jedoch seine Entwicklungsarbeit fort, um die Dämpfungsleistung und Zuverlässigkeit weiter zu verbessern.[57]

[57] Vgl. Skochko, Greveris 1968, S. 76

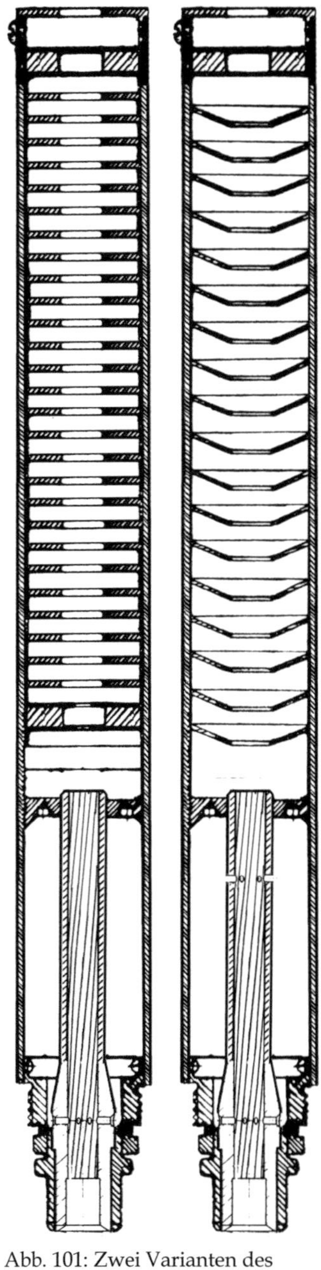

Abb. 101: Zwei Varianten des Sten-Schalldämpfers.

Die verschiedenen Varianten des Sten-Schalldämpfers gleichen sich im Aufbau. Im vorderen Teil des Mantelrohrs befindet sich der Lauf, der bereits kurz hinter dem Übergangskonus, also nur wenige Millimeter vom Patronenlager entfernt, eine ringförmig angeordnete Lochreihe aufweist. Durch die Löcher können die Pulvergase, ähnlich wie beim Welrod-Dämpfer, in eine Expansionskammer entweichen. Die Gasentnahme erfolgt hier jedoch zu einem deutlich früheren Zeitpunkt und nicht graduell, wie bei den im Welrod-Dämpfer auf die gesamte Lauflänge verteilten Löchern. Der erheblich größere Gasdruck der 9 mm-Patrone machte dies erforderlich.

Nach der noch innerhalb des Schalldämpferrohrs liegenden Laufmündung folgt eine weitere Expansionskammer, die durch 20 - 30 Prallbleche unterteilt ist, die sich im jeweils gleichen Abstand zueinander befinden. Die erste und die letzte dieser kreisförmigen Scheiben besteht aus ca. 6 mm dickem Drahtgewebe. Alle Prallscheiben sind mittig gelocht, um dem Geschoss den Durchgang zu ermöglichen. Der Durchmesser dieser Löcher beträgt knapp 11 mm, sodass das 9 mm-Geschoss auch bei instabiler Flugbahn nie in Kontakt mit den Scheiben kommt. Wie beim Welrod-Dämpfer dient die erste Expansionskammer einer ersten Druckreduzierung und zugleich der Verlangsamung des Geschosses in den Unterschallbereich.

Abb. 102: Die Mündung des ersten Sten-Schalldämpfers.

Während das Geschoss die zweite Expansionskammer durchfliegt, wird die nachschießende Gasströmung durch die Prallscheiben weiter gebrochen und verwirbelt. Begleitend findet eine weitere Abkühlung der Gase statt, was zusätzlich den Geräuschpegel senken hilft. Da durch die vollautomatische Funktion der Sten, ganz im Gegensatz zu den bisher vorgestellten Faustfeuerwaffen, eine sehr große Feuergeschwindigkeit möglich ist, kann sich das äußere Schalldämpferrohr durch den Temperaturaustausch sehr stark aufheizen. Die gängigen Anschlagsarten für die Maschinenpistole erfordern jedoch, dass der Schütze das Dämpferrohr mit der Hand umfasst. Aus diesem Grund wurde das Stahlrohr im Bereich der idealen Handlage mit einer Schicht Asbestgewebe überzogen, das mit einer Lage Isolierband fixiert und mit einer Drillichmanschette festgezurrt wurde. Von Nachteil war, dass die Schützen die Manschette nicht nachträglich an ihre individuelle Anschlagsart anpassen konnten. Auch finden sich Erfahrungsberichte, nach denen die Manschette nach dem Abfeuern einiger Magazine in sehr kurzer Zeit unzureichend ist, um die große Hitze des Dämpferrohrs ausreichend zu absorbieren.[58]

In einem Ausrüstungskatalog der Special Operations Executive vom November 1943 ist eine frühe Version der Sten Mk II (S) abgebildet und beschrieben. Der Text gibt sehr genaue Details zum Einsatz der Waffe und enthält sogar Informationen über das Innenleben des Schalldämpfers:

> Description.
> The Sten Silencer is a cylinder fitted with a bursting chamber and a series of metal baffles. It is detachable from the gun for packing and
> c an be used with a standard production model Sten.
>
> The Silencer can be fitted to any standard Sten Gun, reducing the velocity to about 980 feet per second, and removing the muzzle flash.

[58] Vgl. National Archives WO 185/144

> This gives an automatic weapon which can be used without attracting much attention. The noise is unrecognisable as a small arms shot at 200 yards distance from the firer, where only the faintest click is heard.
>
> It may be used at ranges from 0 to 50 yards in the dark, or up to 75 yards in daylight, enabling single shots to be fired whilst the firer and direction of shots remain undetected.
>
> Method of use.
> The Silencer SHOULD ONLY BE USED ON THE GUN WITH WHICH IT IS ISSUED and no alteration is to be made to the gun, as the Silencer is tested and matched to its gun before issue.
>
> Dimensions.
> Overall length of Silencer 12 ¼"
> Diameter 1 5/8"
> Gun complete with Silencer 37 ¼"
>
> Weight.
> Complete with barrel 1 lb. 14 ozs.
>
> Packing and special notes.
> As required. The Sten can be fitted with luminous night sights for special operations.[59]

Die Wirksamkeit bereits des ersten Typs des Sten-Schalldämpfers war, auch aus heutiger Sicht, durchaus zufriedenstellend. Zwar wird das Schussgeräusch, anders als im SOE-Ausrüstungskatalog angegeben, nicht nur bis auf ein leichtes Klicken reduziert. Der Schuss klingt vielmehr, nur unwesentlich lauter als bei der Welrod, wie ein kurzes trockenes Knacken, gefolgt von einem scharfen Zischen. Zutreffend ist die SOE-Publikation jedoch in der Einschätzung, dass das erzeugte Geräusch auf eine Entfernung von etwa 200 m nicht mehr als das einer Schusswaffe erkennbar ist.

Im Gegensatz zu anderen britischen Schalldämpfern dieser Zeit war die an der Sten verwendete Ausführung sehr langlebig, was bei der hohen Kadenz der Waffe von Vorteil war. Eine spätere Variante des Sten-Dämpfers zeigt, bei gleicher äußerer Gestaltung des Dämpferrohrs, einige Modifikationen im Innenleben. So ist der Lauf nun ge-

[59] National Archives HS 7/47

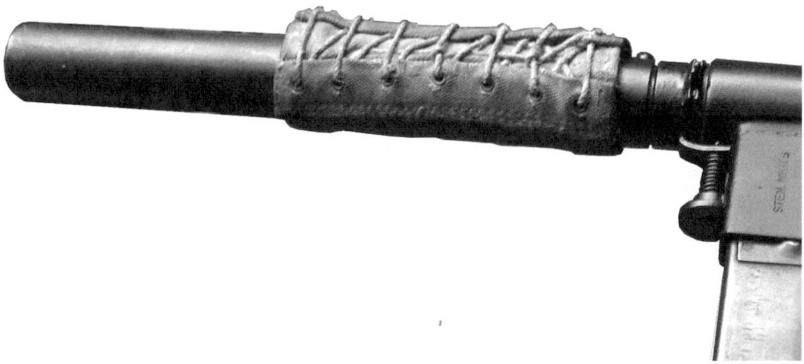

Abb. 103: Sten-Maschinenpistole mit einem Dämpfer der zweiten Generation. Das Volumen ist kleiner und zur Verbesserung der Handhabung eine Manschette aus Drillich um das Dämpferrohr befestigt.

ringfügig kürzer und weist neben der Lochreihe am Übergangskonus eine weitere Lochreihe an der Mündung auf. Es folgt eine Reihe von nunmehr lediglich 18 Prallblechen, die, anders als bei der ersten Ausführung, konisch geformt sind. Vor der Verschlusskappe des Dämpfers folgt noch eine Drahtgitterscheibe von der Bauart, die auch schon in der ersten Version enthalten war, sowie drei jeweils ca. 5 mm dicke Filzscheiben. Letztere weisen in ihrer Mitte ein Loch auf, dessen Durchmesser lediglich 5 mm beträgt. Hier muss sich beim ersten Schuss das Geschoss zunächst den Weg "ausstanzen", ähnlich wie bei den in der Welrod und der Sleeve-Gun verwendeten Gummischeiben. Da die Filzscheiben bei der hohen mechanischen und thermischen Belastung durch die starke 9 mm-Patrone großem Verschleiß unterlagen, weist die Schraubkappe auf dem Dämpfer einen groben Schlitz auf. So konnte der Schütze sie auch mit improvisiertem Werkzeug öffnen, um die Scheiben auszuwechseln. Bezüglich der Dämpfungsleistung kann dieser Typ mit der ersten Variante nicht mithalten. Zwar wird der Schussknall auch hier genügend verzerrt, um ihn auf kurze Distanzen unidentifizierbar zu machen, jedoch wurde dieses Ziel vom ersten Modell wirksamer erzielt.[60]

Eine spätere Variante des Sten-Schalldämpfers, die auch noch in den Jahrzehnten nach dem Zweiten Weltkrieg zum Einsatz kam, ist schon äußerlich durch den geringeren Durchmesser von den frühen Varianten zu unterscheiden. Sein Querschnitt entspricht jetzt den Ab-

[60] Vgl. Skochko, Greveris 1968, S. 76 - 85

Abb. 104: Der verbesserte Schalldämpfer der Mk II (S).

messungen des Verschlussrohres, was der Waffe mit aufgesetztem Schalldämpfer ein erheblich schlankeres und kompakteres Aussehen gibt. Da der Dämpfer außerdem etwas kürzer ist, hat er auch ein geringeres Gewicht, was die Waffe weniger kopflastig macht. Insgesamt wirkt sie damit führiger, lässt sich aber im Feuerstoß immer noch gut beherrschen. Die Schutzmanschette am hinteren Teil des Dämpfers wurde beibehalten.

In der Zwischenzeit zeigte auch die Armee Interesse an der schallgedämpften Sten-Variante. Deren Spezialeinheiten, allen voran die British Commandos, hatten ebenfalls großen Bedarf an geräuscharmen Kampfwaffen. Da der militärische Einsatz jedoch wiederum andere technische Anforderungen mit sich brachte, begann die Armee mit eigenen Entwicklungsarbeiten.[61] Gerade hier sollte sich die in vielen Ländern auch heute noch vorhandene Rivalität zwischen Geheimdiensten und Armee bemerkbar machen, denn den beiden Institutionen fiel eine wirksame Zusammenarbeit in der Waffenentwicklung schwer. Neue Erkenntnisse und Erfolge wurden geheim gehalten und die jeweils gegnerische Partei bezichtigt, unprofessionell zu handeln. Auf diese Weise arbeiteten zwei Entwicklungsabteilungen zeitweise parallel an den gleichen Fragestellungen und erfanden damit das Rad im wahrsten Sinne des Wortes zwei Mal. Dies hat jedoch zur Folge, dass das Entstehen der neuen Waffe viel besser dokumentiert ist, als der Werdegang der anderen britischen Schalldämpferwaffen jener Zeit.

Am deutlichsten zeigt sich dies bei der Frage, wie denn nun ein Trageriemen an der schallgedämpften Sten zu befestigen sei. Da diese Mög-

[61] Vgl. National Archives WO 185/144

lichkeit bei der geheimdienstlichen Verwendung der Waffe keine oder nur eine geringe Rolle spielte, wiesen die in der SOE-Station XII produzierten Exemplare keine Riemenbügel oder sonstige Befestigungsmöglichkeiten auf. Den Prüfern der Armee fiel dieses Manko sofort auf und es begann ein umfangreicher Schriftverkehr zwischen ihnen und den vorgesetzten Dienststellen, in dem dieser Mangel diskutiert wurde. Dieser zum Teil grotesk anmutende Vorgang ist heute noch in der Akte WO 185/144 im britischen Nationalarchiv zu finden. Sie enthält auch verschiedene Skizzen von Vorschlägen, wie beispielsweise am Schalldämpferrohr eine Befestigungsmöglichkeit zu schaffen wäre, ohne den Dämpfer zu beschädigen. Am 3. Mai 1944 hat ein Armeeangehöriger darin eine für den offiziellen Schriftverkehr zwischen britischen Behörden ungewöhnlich sarkastisch anmutende Bemerkung eingefügt:

> "We have not the faintest idea where this query originated. It seems fairly certain, however, that something is not quite right and therefore the matter is worthy of investigation. It seems that it could quite easily be cleared by liaison between A. 3 and the Production Branch.
>
> We regret that we stated that slings were not required, and were under the mistaken impression at the time that M. O. I. (SP) were the only users of Sten Mk IIs. As you know they are fitting their own silencers and confirmed that on fitting the silencer , they removed the sling. They apparently feel quite happy about this." [62]

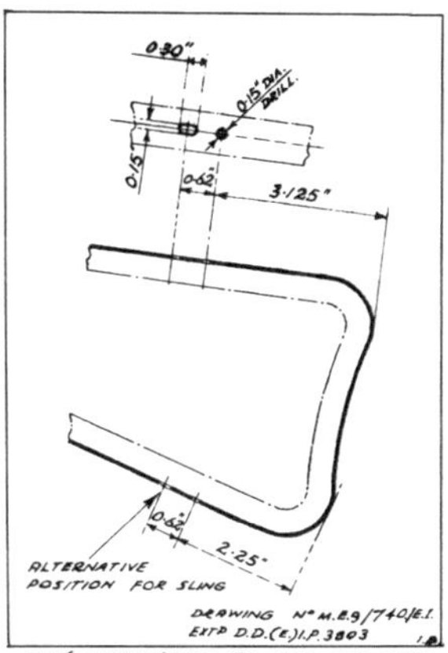

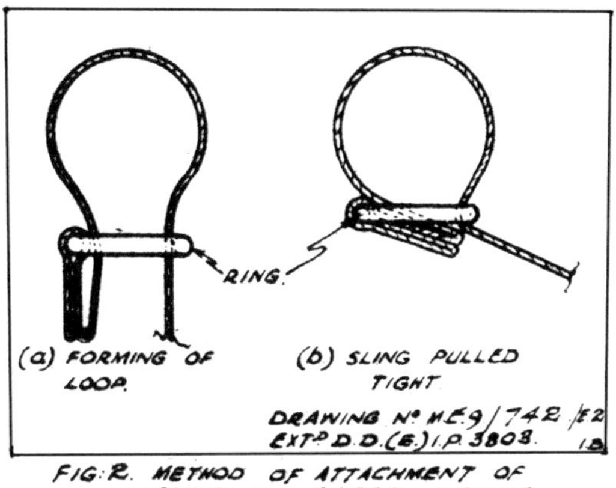

Abb. 105: Möglichkeiten zur improvisierten Befestigung eines Riemens an der Sten Mk II (S).

---

[62] National Archives WO 185/144

Die Erprobungsarbeiten mit schallgedämpften Sten-Versionen setzten sich bis nach Kriegsende fort. Immer wieder wurden auch Prototypen in Kleinserie gefertigt und an operative Kräfte ausgegeben. Die dabei gesammelten Einsatzerfahrungen wurden wiederum von den Entwicklern ausgewertet und in neue Konstruktionen umgesetzt. So erklärt sich die große Bandbreite an unterschiedlichen schallgedämpften Sten-Varianten der Modelle Mk II, Mk III, Mk IV und Mk V, die heute noch erhalten sind. Die Schalldämpfer der verschiedenen Waffen unterschieden sich, auch innerhalb einer Modellreihe, in Länge, Durchmesser und Aufbau des Innenlebens.

Nachdem bis Ende des Jahres 1942 immer mehr Testberichte ausgewertet werden konnten, zeigte sich ein weiteres Problem der Sten Mk II (S). Die Waffe funktionierte zwar zufriedenstellend mit der britischen Standardmunition, neigte jedoch bei Verwendung der aus den USA gelieferten Winchester-Munition zu Funktionsstörungen. Auch von den Deutschen erbeutete 9mm-Munition konnte in den Waffen nicht verwendet werden. Bei beiden Munitionssorten war zudem die Schalldämpfung weit weniger effektiv als bei Verwendung von britischer Munition. Die Entwickler der SOE und auch der britischen Armee nahmen sich dieses Problems an und begannen mit neuen Testreihen. Bis April 1943 ging ein verbessertes Modell in die Serienfertigung und konnte an die Einsatzkräfte ausgegeben werden. Am 29. Juni 1943 wurde die schallgedämpfte Sten bei der SOE offiziell eingeführt.[63]

[63] Vgl. National Archives WO 185/144, HS 7/286

De Lisle Commando Carbine

Nachdem die britischen Geheimdienste erste Erfolge mit Schalldämpferwaffen erzielt hatten, forderten auch die militärischen Spezialeinheiten geeignete Waffen dieser Art. Allen voran die British Commandos, die bei ihren meist amphibischen Angriffsoperationen auf das Überraschungsmoment angewiesen waren. Sie benötigten Schalldämpferwaffen in erster Linie dazu, gegnerische Wachtposten auf sichere Entfernung lautlos zu beseitigen. So konnten die meist gegen einen militärisch überlegenen Gegner operierenden Einheiten unbemerkt ihr jeweiliges Zielobjekt erreichen. Ideal wäre für diesen Zweck ein schallgedämpftes Scharfschützengewehr gewesen.

Der Hobby-Waffenkonstrukteur William Godfray De Lisle nahm sich dieser Problematik an. Seit 1935 arbeitete der 38-jährige Südafrikaner beim britischen Luftfahrtministerium.[64] Ob er von dem Wunsch der Spezialeinheiten nach einer schallgedämpften Langwaffe über Umwege erfahren hatte oder komplett aus Eigeninitiative handelte, ist heute nicht mehr nachvollziehbar. Fest steht, dass der Ingenieur bereits Anfang 1943 begann, auf eigene Faust ein Schalldämpfergewehr zu entwickeln. Wie gezeigt wurde, befand sich zu diesem Zeitpunkt in Großbritannien bereits eine Reihe von Schalldämpferwaffen in der Entwicklung. Dies fand jedoch unter derart großer Geheimhaltung statt, dass die Kunde davon nicht bis ins britische Luftfahrtministrium gelangt sein kann.

De Lisle hatte bereits vor dem Krieg mit verschiedenen Schalldämpferkonzepten experimentiert, verschiedene Entwürfe im Eigenbau hergestellt und zu jagdlichen Zwecken eingesetzt. Dabei hatte er festgestellt, dass die gängige Gewehrmunition aufgrund ihrer hohen Geschossgeschwindigkeit nicht für ein Schalldämpfergewehr geeignet war. Deshalb bestand sein grundlegender Entwicklungsansatz darin, die geplante Waffe für Pistolenmunition auszulegen. Bei seinen bis dahin auf Hobbyebene durchgeführten Versuchen hatte er sich viel mit Kleinkaliberwaffen beschäftigt. Deshalb entwickelte er zunächst ein schallgedämpftes Selbstladegewehr im Kaliber .22 lr. Die von De Lisle erdachte und auf eigene Kosten hergestellte .22er-Waffe wies eine Gesamtlänge von 29,3 Zoll (744 mm) auf, bei einer Lauflänge von

[64] Vgl. Rome 1984, S. 31

7,5 Zoll (190 mm). Lauf und Schalldämpfer waren in ein gemeinsames Rohr integriert. In diesem Punkt ähnelt die Waffe schon sehr dem späteren Endprodukt. De Lisle rüstete diesen Prototypen mit einem alten Zielfernrohr aus dem Ersten Weltkrieg aus und führte mit dieser Kombination erste Praxistests durch.[65]

Bald schon profitierte der Ingenieur von seiner Tätigkeit für das britische Luftfahrtministerium, weil er dadurch die Bekanntschaft mit Major Sir Malcolm Campbell machte, der im Combined Operations Headquarter beschäftigt war. Campbell kannte die Anforderungen der Commandos an eine Schalldämpferwaffe und lud den engagierten Konstrukteur mit seinem Prototypen Anfang 1943 nach London ein. Dort sollen die beiden auf dem Dach des Adelphi-Gebäudes am Themseufer vor einigen Combined Operations-Offizieren erste inoffizielle Schießversuche durchgeführt haben, wobei für die von der Straße unhörbaren Schüsse der nahe Fluss als Kugelfang gedient haben soll. Die sehr guten Dämpfungswerte, die De Lisle bereits mit dieser ersten Waffe erreicht hatte, sollen die Anwesenden sehr beeindruckt haben, jedoch lehnten die Militärs die Waffe wegen ihrer wenig wirksamen Munition ab. Stattdessen regten sie an, dass er eine vergleichbare Waffe im stärkeren Kaliber 9 mm Parabellum entwickeln solle.[66]

Die Bekanntschaft mit Malcolm Campbell sollte sich als sehr fruchtbar für De Lisle erweisen, denn schon bald arbeitete der Major mit ihm gemeinsam an der Entwicklung der Waffe. Ein erster Prototyp im Kaliber 9 mm erwies sich in punkto Dämpfungswerte als wenig Erfolg versprechend, was wiederum an der im Überschallbereich liegenden Mündungsgeschwindigkeit der stärkeren Munition lag. Campbell war dafür, weitere Versuche in 9 mm Parabellum durchzuführen. Er favorisierte das Kaliber für eine Schalldämpferwaffe, weil dafür bereits Erfahrungswerte mit der Sten Mk II (S) vorlagen. An diesem Punkt könnte De Lisle also erste Informationen über das bei der Sten verwendete "Welsilencer"-Prinzip erhalten und diese in seine Überlegungen für ein neues Schalldämpferkonzept mit eingeschlossen haben.

[65] Vgl. Skennerton 1981, S. 3
[66] Vgl. Rome 1984, S. 26

De Lisle war der Ansicht, dass es besser sei, eine großkalibrige Munitionssorte mit langsamer Geschossgeschwindigkeit zu verwenden. Er setzte sich letztendlich durch und verlegte sich nunmehr auf die amerikanische Pistolenpatrone .45 ACP. Diese liegt mit ihrer Mündungsgeschwindigkeit von vornherein im Unterschallbereich, sodass der Dämpfer das Geschoss nicht noch zusätzlich verlangsamen muss. Dennoch findet aufgrund des großen Kalibers eine nahezu vollständige Energieabgabe in das getroffene Ziel statt, woraus eine gute Mannstoppwirkung resultiert.

Abb. 106: Der De Lisle Schalldämpferkarabiner Kaliber .45 ACP.

Ein weiterer Grund für die Kaliberwahl mag in dem Bewusstsein De Lisles für die Möglichkeiten gelegen haben, die Serienfertigung seiner Waffe zu erleichtern. Denn der Konstrukteur verwendete für sein Endprodukt so viele Einzelteile von bereits bei der britischen Armee eingeführten Waffen wie möglich. Grundlage seines Gewehres waren der Verschluss und der Schaft des britischen Gewehrs Short Magazine Lee Enfield (SMLE) No. 1, der Standardwaffe der britischen Armee. De Lisle hatte festgestellt, dass der Bodendurchmesser der darin verwendeten Patrone .303 British exakt dem der .45 ACP entsprach.

Der auf vereinfachte Fertigungsmethoden bedachte Erfinder entfernte im Prinzip lediglich den Lauf des britischen Armeegewehrs und schraubte mithilfe eines Adapters den kürzeren der amerikanischen Thompson-Maschinenpistole im Kaliber .45 ein. Dabei ließ er den Lauf um die Länge weiter in den Verschluss ragen, die die Pistolenpatrone kürzer war als die .303 British. So konnte er den Verschlussweg an die neue Patrone anpassen. Der Stoßboden des Lee Enfield-Verschlusses konnte den Patronenboden der .45 ACP-Patrone gut aufnehmen, da dieser den gleichen Durchmesser aufwies wie die Gewehrpatrone. Auch der originale Auszieher konnte deshalb weiter verwendet werden. Das Magazin entlieh De Lisle der amerikanischen Dienstpistole Colt M 1911 A1, für das er anstelle des originalen

Magazinkastens einen passenden Magazinschacht in die SMLE-Verschlussgruppe einfügte. Neben diesem siebenschüssigen Magazin konnte auch eine elfschüssige Variante verwendet werden, die Colt als Variante auf dem zivilen Markt anbot.

Der Schalldämpfer ist, wie die anderen britischen Konstruktionen dieser Zeit auch, als integrales Zweikammersystem ausgelegt. Sein Volumen ist nur, allein schon durch die größere Gesamtlänge, deutlich größer als das der anderen britischen Dämpfer. Durch Lochreihen im vorderen Teil des Laufs konnten die Treibgase in eine erste Expansionskammer entweichen. In der zweiten Kammer, die etwa zwei Drittel des Gesamtvolumens des Dämpfers für sich beansprucht, durchfliegt das Geschoss wiederum eine Reihe von Prallblechen. Diese sind jedoch gekrümmt und zum Teil auch geschlitzt. Mit dieser innovativen Form wollte der Südafrikaner die zu erwartende Verwirbelung der Pulvergase brechen und kanalisieren. Daraus sollte eine wirksamere Schalldämpfung resultieren. Gerade hinter diesem Detail wird die Arbeitsweise De Lisles deutlich. Der Konstrukteur war ein Mann der Praxis, der seine Versuche mit Schalldämpfern an der Werkbank und nicht am Zeichenbrett begonnen hatte.[67] Da der Ingenieur zu dieser Zeit nicht auf bildgebende Verfahren zurückgreifen konnte, die die Verwirbelung der Pulvergase in einem Schalldämpfer hätten sichtbar machen können, muss er sich in erster Linie auf Versuche und seine Intuition verlassen haben. Der so entstandene Schalldämpfer wies derart gute Dämpfungswerte auf, dass De Lisle ihn am 8. Mai 1943 zum Patent anmeldete.

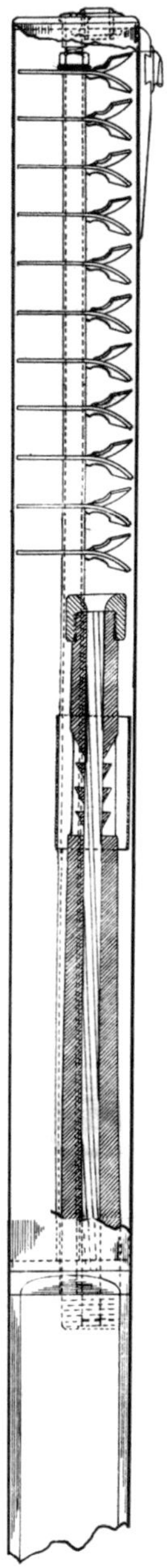

Abb. 107: Schnittzeichnung des De Lisle Schalldämpfers.

[67] Vgl. Preuß, Numßen 2008, S. 41

Abb. 108: In die Abzugseinheit des Lee Enfield Gewehrs fügte De Lisle einen passenden Magazinschacht ein. Innerhalb des Abzugsbügels ist der Magazinhalter zu sehen.

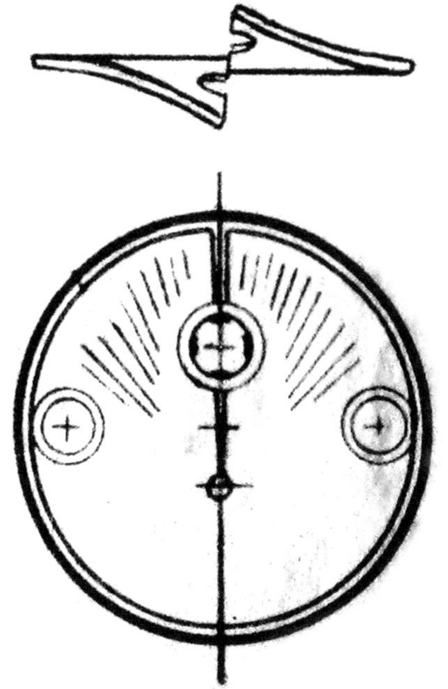

Abb. 109: Prallscheibe aus De Lisle Dämpfer: Ansicht von vorne und von oben.

Der Konstrukteur hatte sich dazu entschieden, bei seinem Gewehr die Laufachse oberhalb von der Mittelachse des Schalldämpfers verlaufen zu lassen. Durch diese asymmetrische Anordnung konnte er die Bauhöhe der Waffe um einige Zentimeter verringern. Laut De Lisle sorgte der Umstand, dass die Geschossbahn oberhalb der Mittelachse des Dämpfers lag, auch dafür, dass die Verwirbelung der Treibgase günstiger verlief und dadurch die Geräuschdämpfung effektiver wurde.[68]

Da dieses konstruktive Detail den Einsatz von Schraubgewinden zur Montage des Dämpfers erschwert, wird er durch zwei Spannstäbe zusammengehal-

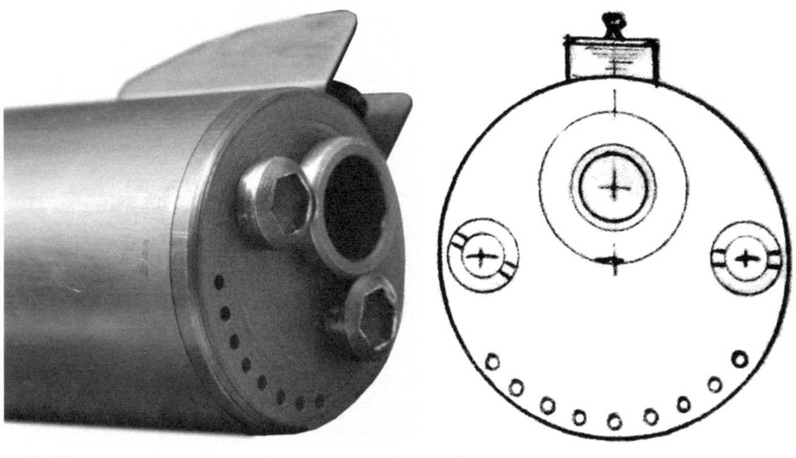

Abb. 110: Die Mündung des De Lisle Schalldämpfers: Eine Reihe kleiner Löcher leitet die verlangsamten Gase aus der Expansionskammer ab.

[68] Vgl. National Archives AVIA 22/1678

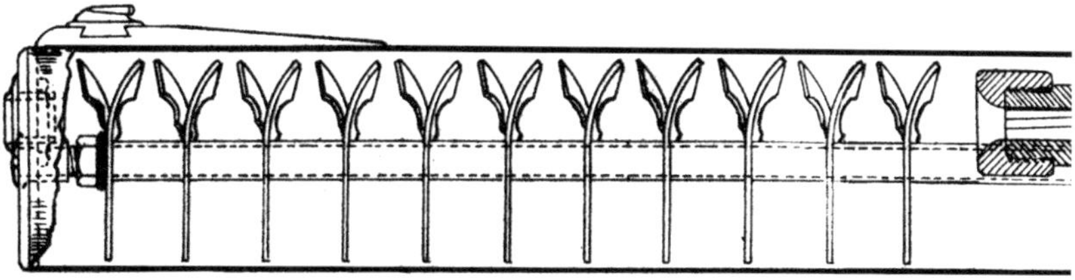

Abb. 111: Die vordere Expansionskammer des Dämpfers im Schnitt. Die Prallbleche werden entlang der Spannstäbe ausgerichtet.

ten, die links und rechts von der Mittelachse durch die gesamte Länge des Schalldämpferrohrs verlaufen. Auf der Mündungskappe sind sie mit zwei Innensechskantschrauben gesichert. Beim Anziehen dieser beiden Schrauben drückt die Kappe das Schalldämpferrohr gegen die verschlussseitige Gegenplatte. Die Spannstäbe sichern zugleich die Prallbleche gegen das Verdrehen, sodass die außermittig angebrachten Bohrungen für das Geschoss stets in einer Flucht liegen.

Diese an sich sehr stabile und einfach zu wartende Konstruktion führte gerade bei einem der ersten militärischen Testverfahren zur Beschädigung der geprüften Waffe. Denn die Tester richteten, nachdem sie die Waffe zum Reinigen zerlegt hatten, die Dämpferteile offensichtlich schlecht aus und zogen dann die Spannschrauben zu fest an. Die Folge war eine undichte Expansionskammer und beschädigte Prallbleche, weil die Durchlassbohrungen für das Geschoss nicht mehr in einer Flucht gelegen hatten.[69]

Das Militär hatte zum ersten Mal im Mai 1943 Gelegenheit, einen De Lisle-Karabiner im Kaliber .45 zu testen. Die Versuche fanden im Beisein des Konstrukteurs auf einer 50-Meter-Schießbahn an der Atlantikküste statt. Laut De Lisle genügte schon die Brandung des nahen Meeres, um das gedämpfte Schussgeräusch der Waffe fast unhörbar zu machen. Bei Nacht war schon im näheren Umkreis um den Schützen kein Mündungsfeuer mehr auszumachen.[70]

Am 19. Mai 1943 erhielt De Lisle eine offizielle Anfrage von Malcolm Campbell, in der der Major um die baldigst mögliche Lieferung von einigen weiteren Waffen bat, um umfassende Tests damit durchzuführen. Erst von diesem Tag an fand die Entwicklung des De Lisle Ge-

[69] Vgl. Skennerton 1981, S. 13f

[70] Vgl. Skennerton 1981, S. 14

wehrs im Regierungsauftrag statt. Die bis dahin gefertigten Prototypen hatte De Lisle beim Waffenhersteller Bapty & Co. in London auf eigene Kosten anfertigen lassen. Im Lauf des Sommers 1943 unterzog das Militär die gelieferten Waffen ausgiebigen Tests.[71]

Ein offizieller Bericht gibt an, dass die Waffe auf eine Entfernung von 50 m Treffergruppen von zwei Zoll (50 mm) erzielte. Das Mündungsfeuer werde fast vollständig unterdrückt und der Schussknall sei fast unhörbar. Im Dezember 1943 kam es auf einem Schießplatz der Armee bei Cambridge zu einem Vergleichstest zwischen einer standardmäßigen Sten Mk I, einer schallgedämpften Sten Mk II (S) und dem De Lisle Karabiner. Bei der Geräuschmessung lag die ungedämpfte Sten bei 117 Phon, die Mk II (S) bei 91 Phon und der De Lisle bei 95 Phon. Die Geschossgeschwindigkeit der Mk I lag dabei bei 1117 fps (340 m/s), die Mk II (S) erreichte 731 fps (223 m/s) und der De Lisle 865 fps (264 m/s). Alle Waffen wurden bei diesem Test mit militärischer

Abb. 112: Gute Testergebnisse: Schon leise Hintergrundgeräusche machten das Schussgeräusch des De Lisle Karabiners fast unhörbar.

Standardmunition geschossen. Die so oft bemängelte niedrige Geschossgeschwindigkeit der Mk II (S) resultierte aus dem angebohrten Lauf, durch den die Geschossgeschwindigkeit bis weit unter Schallgeschwindigkeit gebracht wurde.[72] Nach diesen sehr erfolgreichen Testergebnissen bestellte das Combined Operations Oberkommando bei De Lisle eine größere Anzahl seiner Gewehre, um die Waffe versuchsweise bei Kommandoeinsätzen an der französischen Küste auszugeben. Major Campbell war im Zivilleben Vorstandsmitglied der britischen Fordwerke in Dagenham gewesen und konnte daher die Fertigung einer Kleinserie in der Automobilfabrik organisieren. Insgesamt entstanden dort in Handarbeit 17 Exemplare, von denen 15 umgehend an die Truppe ausgegeben wurden. De Lisle war mittlerweile von seinen bisherigen Aufgaben im Luftfahrtministerium ent-

[71] Vgl. Preuß, Numßen 2008, S. 41
[72] Vgl. National Archives AVIA 22/1678

bunden worden und konnte deshalb die Fertigung rund um die Uhr überwachen. Für die ersten 17 De Lisle-Karabiner wurden ausgemusterte SMLE-Verschlüsse und Thompson-Läufe verwendet. Dieses

Abb. 113: Für die erste Kleinserie wurden ausgemusterte Verschlüsse und Schäfte der Lee Enfield Mark 1 verwendet.

"Recycling" hatte jedoch keinen negativen Einfluss auf die Funktionalität des Endprodukts.[73] Sie unterschieden sich noch in einigen Details von den späteren Serienwaffen. So bestanden die Schalldämpferrohre aus phophatiertem Stahl statt des später gebräuchlichen Aluminiums. Am Verwendungszweck dieser Waffen ließ der Hersteller keinen Zweifel, denn auf der Oberseite des Schalldämpferrohrs brachte er die gut lesbare Aufschrift "THE DE LISLE COMMANDO CARBINE Mk II" an. Auch die Visierung, der Magazinschacht und einige andere Details hatten noch nicht ihre endgültige Formgebung erreicht. Die Gesamtlänge jeder dieser Waffen betrug 37,2 Zoll (945 mm) bei einem Gewicht von 8 Pfund 4 ¾ Unzen (3,76 kg) in ungeladenem Zustand. Der Schalldämpfer mit integriertem Lauf war 15 Zoll (381 mm) lang und hatte einen Durchmesser von 2,5 Zoll (64 mm).

Am 12. Januar 1944 wurde De Lisle darüber informiert, dass die 15 Vorserienmodelle im Truppengebrauch bislang sehr gute Ergebnisse erzielt hatten. Mit den zwei verbliebenen Waffen aus der Kleinserie hatten die Militärs parallel zur Truppenerprobung weitere Praxistests durchgeführt. So am 19. Februar 1944, als zwei De Lisle-Karabiner zusammen mit zwei Sten Mk II (S) getestet wurden. Die Waffen des

[73] Vgl. Skennerton 1981, S. 6

südafrikanischen Konstrukteurs überzeugten dabei durch bessere Schalldämpfung und größere Zielgenauigkeit. Bei einem abschließenden Test unter Dauerbelastung verschossen die Prüfer insgesamt 5000 Schuss aus jeder Waffe. Auch hierbei erwies sich das De Lisle-Konzept mit seinen Prallscheiben aus Stahl gegenüber dem verschleißanfälligen Sten-Konzept als überlegen. Die Prüfer bemängelten lediglich, dass sich der De Lisle-Dämpfer nach dem Härtetest aufgrund starker Verschmutzung nicht mehr zerlegen ließ.[74]

Letzten Endes war das Militär von De Lisles Konstruktion überzeugt und gab 500 Stück davon bei der ebenfalls in Dagenham ansässigen Sterling Engineering Co. in Auftrag. Das Schalldämpferrohr bestand nunmehr aus doppelwandigem Aluminium. Die verstellbare Visierung stammte von der Lancaster-Maschinenpistole, die ebenfalls bei Sterling gefertigt wurde. Das Serienmodell hatte eine Gesamtlänge von 35,75 Zoll (908 mm), bei einem Gewicht von rund 8 Pfund (3,63 kg). Der Lauf war nur noch 7,25 Zoll (184 mm) lang. An einem konstruktiven Detail des Serienmodells zeigt sich, wie umfassend De Lisles Bemühungen um eine geräuscharme Waffe waren. Denn um unnötige mechanische Geräusche auch bei schnellen Schussfolgen zu vermeiden, stattete er den Kammerstängel an der Stelle mit einer Hartgummieinlage aus, an der er beim Repetiervorgang an das Verschlussgehäuse stieß. Im Hals des Kammerstängels wurde dazu eine schwalbenschwanzförmige Ausfräsung angebracht, in die das elastische Material eingescho-

Abb. 114: Serienmodell des De Lisle Karabiners: Rechte Waffenseite.

[74] Vgl. Preuß, Numßen 2008, S. 44

Abb. 115: Am Serienmodell des De Lisle Karabiners wurde die Visierung der Lancaster-Maschinenpistole verwendet.

ben wurde. Der leichtgängige SMLE-Verschluss erlaubte schnelle Schussfolgen und die Geräuschdämpfung durch die Gummieinlage ist im Vergleich zu einer Standard-SMLE sehr effektiv. Die bestellten 500 Exemplare sind von Sterling durch Produktionsverzögerungen zumindest bis Kriegende nicht ausgeliefert worden. Schätzungen belaufen sich auf etwa 130 Stück, von denen aber nur 106 tatsächlich an die Commando-Einheiten ausgegeben wurden.[75]

[75] Vgl. Schörmal 2000, S. 34

Abb. 116: De Lisle Karabiner: Ansicht von unten.

Fazit

Die hier behandelten Schalldämpferwaffen lassen sich in zwei Gruppen einteilen. Das sind Instrumente, einerseits für gezielte Tötungen oder Attentate, zum anderen für den militärischen Einsatz. Die behandelten Kurzwaffen fallen sämtlich in die erste Kategorie. Sie sind leicht zu verbergen und somit auch für zivil gekleidete Agenten einsetzbar. Ihre Feuergeschwindigkeit und die verwendete Munition eignen sich jedoch nur in Ausnahmefällen für die Verwendung im Gefecht gegen bewaffnete Gegner.

Die behandelten Langwaffen fallen hingegen in die zweite Kategorie. Feuergeschwindigkeit und Wirksamkeit der Munition sind bei ihnen für den gefechtsmäßigen Einsatz geeignet. Lediglich die schallgedämpfte Sten-Maschinenpistole fand auch im geheimdienstlichen Bereich Verwendung, da sie durch ihre Zerlegbarkeit zumindest verborgen transportiert werden konnte. In der geheimdienstlichen Praxis wird sie allerdings eher für guerillaartige Feuerüberfälle auf feindliche Soldaten als für gezielte Exekutionen eingesetzt worden sein.

Auffallend ist in diesem Zusammenhang, dass entsprechend dieser Zuordnung die Entwicklung und Produktion der schallgedämpften Langwaffen weitaus besser dokumentiert ist, als die der geräuschreduzierten Faustfeuerwaffen. Dies mag damit zusammenhängen, dass erstere hauptsächlich zur Ausrüstung regulärer militärischer Kräfte dienten. Die leichter zu verbergenden Faustfeuerwaffen waren in erster Linie für die britischen Geheimdienste oder die Partisanenbewegungen in den besetzten Ländern vorgesehen. Über sie sind nur wenige Aufzeichnungen in britischen Regierungsarchiven zu finden.

Hier wäre es also denkbar, dass weiterhin Akten unter Verschluss gehalten werden. Auch könnten zu irgendeinem Zeitpunkt Unterlagen gezielt vernichtet worden sein. Schließlich brach im Archiv der SOE kurz nach Kriegsende aus ungeklärten Ursachen ein Feuer aus, bei dem eine unbekannte Anzahl von Akten zerstört wurde. Im Jahr 1946 löste die britische Regierung den Dienst schließlich auf. Im Anschluss daran wurden viele weitere Akten vernichtet, sodass Experten davon ausgehen, dass heute nur noch weniger als die Hälfte des ehemals vorhandenen Aktenbestandes der SOE erhalten ist.

Ein Briefwechsel zwischen dem britischen Home Office (Innenministerium) und der SOE Station VI aus dem Jahr 1945 gibt Aufschluss darüber, wie geheim die Schalldämpferprojekte auch innerhalb des Staatsapparates gehalten wurden. Trotz der hohen Geheimhaltungsstufe muss zu diesem Zeitpunkt das Home Office zumindest gerüchteweise von der neuen Dämpfergeneration erfahren haben. Denn die zivile Behörde, die noch zu Beginn der 1930er-Jahre ein Verbot von Schalldämpfern abgelehnt hatte, begann nun, an ihrer damaligen Entscheidung zu zweifeln.[76]

Im März 1945 wandte sich deshalb J. M. Ross, der als Beamter des Home Office mit der Prüfung eines möglichen Schalldämpferverbots befasst war, mit einer diesbezüglichen Anfrage an das War Office (Kriegsministerium). Er wollte in Erfahrung bringen, welche Arten von schallgedämpften Schusswaffen Großbritannien während des Krieges entwickelt und produziert hatte und ob diese Objekte zukünftig in den Händen von Kriminellen eine Gefahr für die britische Bevölkerung darstellen könnten. Ross hatte zu diesem Zeitpunkt offensichtlich keine genauen Informationen über das Arsenal an Schalldämpferwaffen, über das sein Land verfügte. Auch wusste er Anfangs nicht, welche Stelle überhaupt für sein Ansinnen zuständig war.

Der Vorgang landete schließlich auf dem Schreibtisch von Major John Kendal, dem Leiter der SOE Station VI. Diese Abteilung war für die Bewaffnung des Geheimdienstes zuständig.[77] Der Offizier beantwortete die Anfrage am 30. März und ließ dem besorgten Beamten ausführliche Informationen zukommen:

Abb. 117: Major John Kendal.

[76] Vgl. National Archives HO 144/22539, MEPO 2/6647
[77] Vgl. Boyce 2003, S. 20f

M. 0. 1 (S. P.),
The War Office,
Whitehall, London, S. W. 1.

Any further communication on this subject should be addressed to:-
JK/SA/7029

30th March, 1945.

To:
J. M. Ross, Esq.,
The Home Office,
Whitehall, S. W. 1.

From: Major J. Kendal, D. O. N.

Dear Ross,

Thank you very much for your letter of 28th March.
In reply to your questions:-

1. The only automatic pistol to which we have fitted a silencer is the .22" Hi-Standard. The weapon is specially adapted for the purpose, and the silencer becomes an integral part of the weapon. A weapon so adapted cannot be used without its silencer. A .22" Hi-Standard or a .22" Colt Woodman can, however, be fitted with a Parker-Hale silencer. To do this the muzzle end of the barrel has to be "screwed", and the silencer is then screwed on. The screwing of the barrel is a professional job, and can only be undertaken by the manufacturers, or by a skilled workman who has access to the necessary tools.

2. Being an integral part of the weapon, our silencer is more effective than the Parker-Hale type. The main difference between the two is that the Parker-Hale model is just an attachment, whereas in our model the barrel is itself specially modified. Furthermore, the silencer tube itself is of different design, rubber washers being used in addition to the ordinary metal washers and spacers used in both types.

3. In answer to your questions (a), (b) and (c):

(a) The smallest pistol to which we fit a silencer is the a/m .22" Hi-Standard, length 10 7/8".

(b) Weight with silencer 2 lb. 7 ¼ oz. Weight without silencer 2 lb. 1 ¼ oz.

(c) We have not to date been able to fit a silencer to a pocket automatic pistol of over .22" calibre. It would be quite possible, to fit a silencer to a .32" Webley automatic pistol, but when a silencer is fitted the weapon ceases to be automatic and becomes a single shot weapon. This means that although you have a six-shot magazine, the gun will have to be re-cocked by hand after each shot is fired. In the same way it will undoubtedly be possible to fit a silencer to a Luger, but as far as we are concerned, as with the Webley & Scott the weapon would cease to be self-loading. This would not, however, prevent it being used effectively by criminals, clever enough to fit a silencer; but as mentioned above, the fitting would have to be done professionally.

We do know that the Germans have brought out a special 9 mm cartridge to be used with a silencer. Whether this is for use with a submachine-gun or a pistol I do not know. They have, however, effectively silenced their Mauser service rifle, by employing a silencer attachment which looks very much like the Parker-Hale type, but like our own .22" employs rubber washers. Instead, however, of modifying the rifle, they have reduced the "load" of the cartridge. The German silencer can, therefore, be effective with all modern German service rifles, providing special cartridges are used. These silencers of course cannot be used with their automatic rifles.

As far as I know, we have not in this country produced a reduced "load" cartridge for silencing purposes. I myself, however, handed the only example of a German rifle silencer we have obtained, and some special cartridges, to M.I. 10, who were to pass them to the Ministry of Supply for examination. I have not heard the results of any experiments they have carried out.

4. The Sleeve Gun: Length 9.1/16", weight 1 lb. 9 ½ oz.

I hope very much that the above information is what you require, but do please let me know if I can be of any further help in the matter. I return herewith the Parker-Hale leaflet.

With kind regards,

Yours sincerely,

J. Kendal
Major. [78]

[78] National Archives HO 144/22539

Besonders in Anbetracht der noch nicht beendeten Kampfhandlungen mit den Achsenmächten verwundert zunächst die Bereitwilligkeit, mit der Major Kendal den Zivilbeamten über einige der britischen Schalldämpferprojekte informiert hat. Immerhin waren diese größtenteils als "most secret" eingestuft. Andererseits wird dem heutigen Leser sehr schnell deutlich, dass Kendal dem Beamten aus dem Home Office hauptsächlich Informationen über diejenigen Waffen gegeben hat, die bis dahin in keinen nennenswerten Stückzahlen produziert wurden. In Bezug auf die Sleeve Gun hat Major Kendal möglicherweise bereits gewusst, dass sie nicht weiter entwickelt werden würde. Es fällt ins Auge, dass der Geheimdienstoffizier die zu diesem Zeitpunkt tausendfach in Umlauf befindliche Welrod-Pistole oder die ebenso oft produzierte schallgedämpfte Sten-Maschinenpistole mit keinem Wort erwähnt hat.

Die Entscheidung, die Sleeve Gun nicht mehr in größeren Mengen zu produzieren, sollte wegweisend für den weiteren Umgang mit der Schalldämpfertechnik bei Militär und Geheimdiensten Großbritanniens sein. Denn an den meisten Kriegsschauplätzen, an denen in den Jahrzehnten nach dem Zweiten Weltkrieg britische Soldaten oder Geheimdienste aktiv waren, gibt es auch Hinweise auf den Einsatz von schallgedämpften Waffen. In vielen Fällen handelte es sich dabei jedoch um die aus dem Krieg bekannten Typen wie den De Lisle Karabiner[79], die Welrod oder die schallgedämpfte Sten, die später von ihrer Nachfolgerin, der Sterling Maschinenpistole abgelöst wurde. Innovationen sucht man in diesem Zeitraum meist vergebens.

[79] National Archives WO 291/1651

Literatur

Binney, Marcus: Secret War Heroes. London: Hodder & Stoughton, 2005.

Boyce, Frederic; Everett, Douglas: SOE: The Scientific Secrets. Phoenix Mill: Sutton Publishing, 2003.

Brunner, John: OSS Weapons. Williamstown: Phillips Publications,1994.

Churchill, Winston: Der Zweite Weltkrieg. München: Scherz, 1985.

Cookridge, E. H.: Inside SOE. London: Arthur Barker, 1966.

Cornish, Paul: Weapons and Equipment of the Special Operations Executive. In: Seaman, Mark (Hg.): Special Operations Executive: A New Instrument of War. London: Routledge, 2006, S. 22–32.

Fjestad, Steve P.: Blue Book of Gun Values. 26. Aufl. Minneapolis: Blue Book Publications, 2005.

Foot, Michael: SOE. The Special Operations Executive. London: Mandarin, 1984.

Ganser, Daniele: NATO-Geheimarmeen in Europa. Zürich: Orell Füssli, 2008.

Geraghty, Tony: Inside the SAS. New York: Ballantine, 1980.

Haasis, Hellmut: Tod in Prag: Das Attentat auf Reinhard Heydrich. Reinbek: Rowohlt, 2002.

Hahlweg, Werner: Typologie des modernen Kleinkrieges. Wiesbaden: Steiner 1967.

Howarth, Patrick: Undercover: The Men and Women of the Special Operations Executive. London: Routledge, 1980.

Joniskeit, Detlef: Mythos Schalldämpfer. Backnang: Selbstverlag Detlef Joniskeit, 2007.

Kokalis, Peter: OSS Silenced Pistol. In: Small Arms Review, Vol. 5, No. 11, 08/2002, S. 19–23.

Ladd, James; Melton, Keith; Mason, Peter: Clandestine Warfare. London: Blandford Press, 1988.

Lampe, David: The Last Ditch: Britain's Secret Resistance and the Nazi Invasion Plan. London: Greenhill Books, 2007.

MacKenzie, S. P.: The Home Guard: A Military and Political History. London: Oxford University Press, 1995.

Macksey, Kenneth: Commando Strike. London: Cooper, Secker & Warburg, 1985.

Melton, Keith: Der perfekte Spion. München: Heyne, 1996.

Michel, Wolfgang: Das Fairbairn-Sykes Kampfmesser. Norderstedt: Books on Demand, 2007.

National Archives AVIA 22/1678: Silencers for small firearms. W. G. De Lisle 1943–1946.

National Archives HS 7/27: SOE Research and Development section 1938–1945.

National Archives HS 7/30: Information on weapons, portable transmitting and receiving equipment; With diagrams and booklet, 1945.

National Archives HS 7/47: Descriptive catalogue of special devices and supplies, 1944.

National Archives HS 7/48: List of agents' equipment and operational stores; technical review, 1943.

National Archives HS 7/286: Miscellaneous July 1942–April 1943 (page 1–157) with Index October 1940–June 1942.

National Archives HS 8/199: SOE Council minutes, 01.01.1943-31.12.1943.

National Archives MEPO 2/6647: Silencers for firearms and sleeve guns: Commissioner's observations, 1945.

National Archives HO 144/22539: Silent Weapons and Sleeve Gun, 1945.

National Archives ADM 116/5112: Review of policy concerning operations of small scale raiding force and establishment of Special Boat Unit.

National Archives DEFE 2/957: Small scale raiding force: procedures, responsibility etc.

National Archives DEFE 2/1093: Small scale raiding force: policy, formation, responsibility etc.

National Archives WO 185/144: Re-designated Sten Mk II (S)F5: Silent Weapon 1941–1945.

National Archives WO 199/3230: Report on the raid at Bruneval (Operation BITING).

Ortner, Christian: Die amerikanischen Waffenlager in Österreich. In: Rauchensteiner, Manfried; Ham, Claudia (Hgs.): Sorry Guys, No Gold! Wien: Heeresgeschichtliches Museum, 1998, S. 76–86.

Preuß, Richard; Numßen, Sascha: Geheim-Dienst: De Lisle Commando Carbine. In: Visier, Bad Ems: Vogt-Schild, 2/2008, S. 40–45.

Rome, Robert: WW II Silent Killer Still Lives – the Death-Delivering DeLisle. In: GUNG-HO Magazine 06/1984, S. 26–32.

Schörmal, Matthias: Chimäre: Das De-Lisle Schalldämpfergewehr. In: Deutsches Waffen Journal, Schwäbisch-Hall: Journal Verlag Schwendt, 8/2000, S. 30–34.

Skennerton, Ian: De Lisle's Commando Carbine. Small Arms Series. St. Albans: Impress, 1/1981.

Skochko, Leonard; Greveris, Harry: Silencers: Principles and Evaluations. Report R-1896. Philadelphia: Department of the Army Frankford Arsenal, 1968.

Smith, Bradley: The Shadow Warriors: O.S.S. and the Origins of the C.I.A. London: André Deutsch, 1983.

Stafford, David: Britain and European Resistance, 1940–1945. London: Macmillan 1980.

Thygesen, Anders: The Welrod Pistol. Verfügbar über: http://www.timelapse.dk [letzter Zugriff 22.03.2009]

Veh, Holger; Martin, William: For your eyes only: Die OSS-High-Standard-Pistole. In: Deutsches Waffen Journal. Schwäbisch-Hall: DWJ-Verlag, 10/1996, S. 1580–1583.

Vom gleichen Autor:

Wolfgang Michel

Das Fairbairn-Sykes Kampfmesser

Symbol britischer Guerillakriegsführung im Zweiten Weltkrieg

Die archaisch wirkende Waffe steht symbolhaft für wagemutige Geheimoperationen, die Großbritannien während des Zweiten Weltkrieges in deutsch besetzten Ländern durchführte.

Dieses Buch bietet einen Überblick über die Entwicklung dieses millionenfach hergestellten Messers und den Lebenshintergrund seiner Erfinder. Außerdem untersucht es die Ursachen, die zur Aufstellung von Guerillaeinheiten in Großbritannien führten und welche Rolle das Messer dabei spielte.

Überdies bewertet es seinen Einsatz im historischen Kontext und untersucht, inwiefern das FS-Messer auch heute noch Bedeutung im militärischen oder zivilen Gebrauch besitzt.

Die Fachzeitschrift „Visier“ (04/2008) meint:

„Alles in allem schließt sich durch dieses Werk endlich eine Lücke. Das gilt sowohl aus Sicht der an historischen Messern Interessierten wie auch derjenigen, die sich mit Commandos und ihrer Geschichte befassen.“

Wolfgang Michel: „Das Fairbairn-Sykes Kampfmesser“
Norderstedt: Books on Demand Verlag, 2007
ISBN: 978-3-8370-0877-7
19,90 Euro

Vom gleichen Autor:

Wolfgang Michel

Die Liberator Pistole FP-45

Partisanenwaffe und Mittel zur psychologischen Kriegsführung

Während des Zweiten Weltkriegs stellten die USA in Zusammenarbeit mit Großbritannien aus billigstem Material große Stückzahlen einer sehr einfach aufgebauten Pistole her. Sie hätte keinesfalls über einen längeren Zeitraum als Kampfwaffe eingesetzt werden können. Diese "Einwegpistole" wollten die Alliierten zu Tausenden über den von den Deutschen besetzten Ländern abwerfen, damit dort Zivilisten gegen die Nazis Widerstand leisten konnten.

Durch dieses Konzept der psychologischen Kriegsführung sollte nicht nur der Widerstand der unterdrückten Nationen angeheizt werden. Vielmehr wollten die Alliierten ihren Gegner mit einer massenhaften Volksbewaffnung konfrontieren. Denn die Deutschen hätten somit an der Front dringend benötigte Kräfte in das vermeintlich sichere Hinterland abkommandieren müssen.

Dieses Buch untersucht die Hindergründe der Entwicklung der hochgeheimen, als "Liberator Pistole" bekannten Waffe und legt ihre technischen Details sowie das Rätsel um ihre Herstellung offen. Auch die geplanten Einsatzszenarien, in denen sie eine Rolle spielen sollte, und die Gründe, die ihren Einsatz letztendlich verhinderten, werden beleuchtet.